PRAXIS UND ERFOLG   BAND 2

Karen Bestmann / Babette Leyer

SERVICEQUALITÄT MIT SYSTEM

Eine Servicephilosophie praktisch entwickeln

Mit Illustrationen von Götz Wiedenroth

Ludwig

Die Reihe PRAXIS UND ERFOLG wird herausgegeben von Nils Borstnar.

Bibliografische Information Der Deutschen Bibliothek

Die Deutsche Bibliothek verzeichnet diese Publikation in der
Deutschen Nationalbibliografie; detaillierte bibliografische
Daten sind im Internet über http://dnb.ddb.de abrufbar.

© 2007 by Verlag Ludwig
Holtenauer Straße 141
24118 Kiel
Tel.: 0431-85464
Fax: 0431-8058305
www.verlag-ludwig.de
info@verlag-ludwig.de

Gestaltung: Daniela Zietemann
Illustrationen: Götz Wiedenroth

Gedruckt auf säurefreiem und alterungsbeständigem Papier
Printed in Germany

ISBN 978-933598-79-0

VORWORT

Wie häufig erzählten wir unseren Kollegen und Geschäftspartnern, wenn sie nach unserem »Buchprojekt« fragten: »Es ähnelt einer never ending Story...!«
Mit Elan und Leidenschaft haben wir uns des Themas Service angenommen und mit dieser Energie und einer Portion Abenteuerlust, fingen wir an zu schreiben. Unser erstes fast fertiges Manuskript ist dann nach reiflicher und kritischer Diskussion komplett von uns selbst abgelehnt worden und wanderte in den *Ordner Papierkorb.*
Mit einem wohltuenden Abstand entwickelten wir aus einer neuen Perspektive die Vision, ein Buch zu schreiben, welches keine Beispiele der vielen bekannten negativen Serviceerlebnisse beschreibt. Wir entschlossen uns, ausschließlich Wünschenswertes zum Mittelpunkt unserer Servicegedanken zu machen. So begleitete uns unser Verständnis von Servicequalität im Prozess des Schreibens wie selbstverständlich. Die Klarheit unserer Definition hat sowohl uns als auch unsere Kollegen und Freunde davon überzeugt, dass es ein System gibt, welches Servicequalität sowohl zu einem positiven als auch zu einem planbaren Erlebnis für die Kunden machen kann.
Dieses Projekt hat uns gelehrt, welchen Wert Ausdauer, stete kritische Auseinandersetzung und Geduld haben. Aber es ist auch ein gutes Gefühl, wenn sich ganz langsam mit der fortschreitenden Fertigstellung des Buches eine immer größere Zufriedenheit mit dem Ergebnis einstellt.
Wir möchten insbesondere unseren Seminarteilnehmern danken, denn durch Sie erhielten wir die Gewissheit, wie wichtig das Thema Service im Arbeitsalltag für die Mitarbeiter und die Unternehmer ist. So wurde überhaupt erst die Idee geboren, ein Buch über Servicequalität zu schreiben.
Wir danken ganz besonders unserer Familie, unseren Kollegen und Freunden für Ihre unendliche Geduld mit uns. Ohne ihre Offen-

heit für die inhaltliche Auseinandersetzung wäre dieser Band nicht möglich gewesen. Große Unterstützung erfuhren wir durch unsere lieben Kollegen Gesa Köhrmann und Dr. Nils Borstnar. Sie haben unsere Manuskripte gelesen und uns wertvolle Hinweise gegeben. Sie waren immer zur Stelle, wenn wir den kritischen Blick benötigten.

Einen ganz lieben Dank sprechen wir unseren Lektorinnen Frau Ingrid Foerster und Frau Dorothee Leyer aus. Wir waren so froh, auf der Zielgeraden eine liebevolle und kritische Unterstützung zu erhalten.

Unser Dank gilt auch dem Illustrator Herrn Götz Wiedenroth, der unsere Vorstellungen auf eine sehr professionelle Weise umgesetzt hat. Ebenso danken wir unserem Verleger Herrn Dr. Steve Ludwig für seinen Einsatz, das Buch in der vorliegenden ansprechenden Form zu veröffentlichen.

Karen Bestmann und Babette Leyer im Herbst 2006

INHALT

EINLEITUNG

Versucht man im Brockhaus-Lexikon eine Definition von dem Wort Servicequalität zu erhalten, wird man enttäuscht. Und trotzdem, seit Jahren wird dieses Wort dafür verwendet, um den Kunden eine Botschaft von einer hervorragenden Dienstleistung zu vermitteln und zu versprechen. Was genau verbirgt sich nun dahinter?

Wir wollen uns diesem Thema praktisch nähern. Praktisch heißt für uns, dass wir Ihnen umsetzbare Instrumente vorstellen und Sie mit positiven Beispielen auf dieses Thema einstimmen wollen. Schon mit dem Buchtitel »Servicequalität mit System – Eine Servicephilosophie praktisch entwickeln« kündigen wir an, dass nur durch ein systematisches Vorgehen auch erfolgreich eine Servicephilosophie entstehen kann.

Dieses Buch soll Sie darin unterstützen, ein Bild davon zu bekommen, wie Sie durch einen positiven Umgang mit den Kunden, Ihren Geschäftserfolg ausbauen können. Der Untertitel spricht ausdrücklich von der Entwicklung einer Servicephilosophie, da diese nicht einfach festzulegen und zu verordnen ist, sondern durch mehrere Einflüsse bedingt wird. In jedem Unternehmen können diese Einflüsse unterschiedlich sein. So nehmen wir an dieser Stelle vorweg, dass es kein Patentrezept gibt, um den Service so einzusetzen, dass er garantiert mehr Umsatz und Zufriedenheit hervorbringt. Daher ist zu bedenken, dass eine Philosophie immer die vorhandene Kultur im Auge behalten sollte.

In jedem Unternehmen entsteht über Jahre eine Kultur, die häufig ohne zentrale Steuerung bestimmte Verfahrens- und Umgangsweisen etabliert. Das kann dazu führen, dass die zu entwickelnde Servicephilosophie zur bestehenden Kultur in Widerspruch steht und erheblicher Bedarf an Anpassung oder Weiterentwicklung besteht. Andererseits mag möglicherweise lediglich eine kleine Justierung der bestehenden Kultur anstehen. Wichtig ist im Zuge der Globalisierung grundsätzlich eine kontinuierliche Weiterentwicklung der

Philosophie, der Leistung und der Zusatzangebote zu verfolgen und stets mit den neuen Anforderungen des Marktes und den Erwartungen der Kunden abzugleichen.

Wir werden häufig ausschließlich von Kunden sprechen. So lehnen wir uns unter anderem daran an, dass diese Bezeichnung auch Einzug in den Gesundheitsbereich hält. Ob in Krankenhäusern, in Pflegeheimen oder Apotheken, die Bezeichnung Patient wird zu Gunsten der Bezeichnung Kunde oft aufgegeben. Ein Grund dafür ist sicherlich, dass man dem Kunden anders begegnet. Er hat eindeutige Ansprüche, die es zu erfüllen gilt. Der Patient ist hilfsbedürftig – der Kunde fordert! So ist schon aufgrund der Bezeichnung ein verändertes Verhalten von den Mitarbeitern zu erwarten.

Es ist uns ein Anliegen, ein Buch über den Service in Deutschland zu schreiben, das nicht den Fokus darauf lenkt, was alles nicht funktioniert, sondern wie Service positiv zu erleben und systematisch für den Geschäftserfolg einzusetzen ist. Wir wurden schon früh durch unser familiäres Umfeld und die kundenorientierte Haltung unserer Eltern und Großeltern geprägt. So war es als morgenmuffliges Kind kaum nachvollziehbar, dass die Mutter im Hotel jeden Morgen den Gästen das Frühstück mit einem strahlenden Lächeln servierte. Die kindliche Verwunderung darüber löste sich jedoch auf, als sie aus tiefster Überzeugung sagte: »*Was können denn die Gäste dafür, wenn ich schlecht geschlafen habe.*« Die Ehrlichkeit und die Echtheit des Lächelns wurden von jedem Gast sehr geschätzt und sie kamen immer wieder.

Dieses Selbstverständnis der inneren Haltung, gerne Dienstleistungen und Service zu erbringen, haben wir schon früh kennen gelernt. Und wir konnten viele weitere Erfahrungen in zahlreichen anderen Branchen sammeln. All unsere Eindrücke und Beobachtungen führten uns dazu, Servicequalität wie folgt zu definieren:

Servicequalität ist das Zusammenspiel von Service-Momenten und geplanten Erfolgsfaktoren.

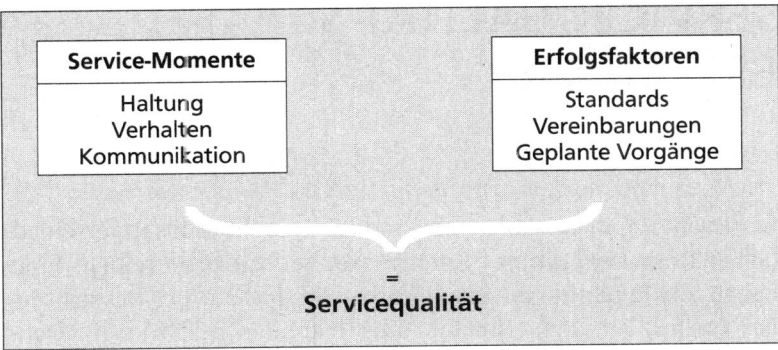

Abb. 1: Die Definition von Servicequalität als Schaubild

> Der Service-Moment ist eine erlebte Dienstleistung, in der
> das Verhalten und die innere Haltung eines Mitarbeiters vom
> Kunden positiv wahrgenommen wird. Ein Erfolgsfaktor ist
> eine planbare Größe, die einen definierten Standard und eine
> verlässliche Qualität zum Ausdruck bringt.

Um unserer Definition Leben einzuhauchen und sie nachvollziehbar zu machen, beginnen wir das Buch mit Beispielen und kleinen Geschichten, die den Kunden, Patienten und Gästen Erlebnisse
verschaffen. Im Anschluss stellen wir Ihnen einige Instrumente vor,
die sowohl das Erleben von Service systematisch verbessern als
auch Ihre Wettbewerbsfähigkeit steigern können und wie Sie durch
den Einsatz von Servicequalität erfolgreicher werden.
Wir sind überzeugt, dass durch die bewusste Entscheidung, sich
für die Optimierung der Servicequalität einzusetzen, ein Prozess
beginnt, der alle Beteiligten nie wieder loslässt, da der Kunde – und
das ist jeder von uns – sich gerne immer wieder positiv überraschen lässt.

SERVICEQUALITÄT SCHAFFT ERLEBNISSE

In diesem Kapitel erzählen wir Ihnen Geschichten aus unterschiedlichen Branchen, die das Erleben von Service beschreiben. Eines haben alle Erzählungen gemeinsam – sie sind aus der Betrachtung des Gastes, Kunden, Klienten oder Patienten geschrieben. Denn schon mit dieser Betrachtungsweise beginnt der erste und wesentliche Schritt in die Philosophie der Servicequalität.

Die Kapitelüberschrift beschreibt die Möglichkeit, wie über die Vermittlung von Service dem Kunden Erlebnisse vermittelt werden können. Dafür ist es notwendig, mit dem Kunden in Kontakt zu treten. So gibt es verschiedene Kontaktpunkte vom Kunden zum Unternehmen oder vom Unternehmen zum Kunden: Die persönliche Begegnung, das Telefonat, der schriftliche Kontakt per Brief oder E-Mail. Der zu erwartende Dienstleistungsprozess aus Sicht des Kunden entspricht eben genau dieser Aneinanderreihung der Kontaktpunkte.

In einigen Artikeln zu dem Thema Service in Deutschland werden diese Kontakte als »Augenblicke der Wahrheit« häufig in Zusammenhang mit negativen Beispielen gebracht. Diese dienen als Dokumentationen der vielen verpassten Chancen, den Kunden an das Unternehmen durch Zufriedenheit und Begeisterung zu binden. Wir möchten den Gedanken umkehren und ihn als chancenreichen Moment zum Auftakt einer überaus zufriedenen Kundenbeziehung positiv skizzieren. Sowohl die Service-Momente als auch die Erfolgsfaktoren tragen dazu bei, den Kunden zu vermitteln, dass Service ein wichtiger Bestandteil der Unternehmensphilosophie ist.

Mögen die beschriebenen Momente und Erfolgsfaktoren aus den Beispielen auch sehr selbstverständlich wirken, so sehen wir jedoch gerade hier Möglichkeiten und Chancen. Sie dienen uns, der individuellen Servicephilosophie einen klaren Ausdruck zu verleihen.

Vor allem angesichts des hohen Preiswettbewerbs empfehlen wir Ihnen, sich bewusst über eine deutlich wahrnehmbare Servicephilosophie gegen diesen Trend abzuheben und damit dem Wettbewerb zu trotzen. Denn es wird nicht alles generell über den Preis geregelt. So liegt die Entscheidung nahe, die Begegnung zwischen Unternehmen und Kunden zu qualifizieren und sich damit über die Serviceleistungen statt über die Preisgestaltung konkurrenzfähig zu machen und zu bleiben.

Wir werden sowohl aus dem Wirtschaftsbereich als auch aus dem Non-Profit-Bereich Sequenzen für beispielhaften Service darlegen. Diese kleinen Geschichten sollen keinen einmaligen Zufall, sondern einen verlässlichen und zu erwartenden Service beschreiben. Die von uns dargebotenen Situationen sind teilweise aus dem wahren Leben und teilweise aus unseren Wunschgedanken heraus entstanden.

Wir haben entschieden, dieses Buch mit den Kurzgeschichten zu beginnen, da Geschichten und Erzählungen die Vehikel sind, um Werte, Traditionen, Überzeugungen oder ganz praktische Fähigkeiten und Fertigkeiten zu transportieren (FRENZEL / MÜLLER / SOTTONG, 2004). So also auch ein geeignetes Mittel, um den Servicegedanken zu beleuchten. Als Übersicht und Zusammenfassung finden Sie am Ende einer jeden Geschichte die Service-Momente und die Erfolgsfaktoren in einer Tabelle.

Wie in der Einleitung definiert, ist die Bewertung der Servicequalität stark abhängig von der individuellen Wahrnehmung der Kunden und wird wesentlich von den Service-Momenten und Erfolgsfaktoren geprägt. Folgendes Beispiel verdeutlicht, wie stark das Erleben von Service eine Geschmackssache des einzelnen Kunden ist.

Eine verbindliche Spielregel, und somit ein definierter Erfolgsfaktor, kann die vereinbarte grundsätzliche Ansprache der Kunden mit den Worten »Kann ich Ihnen weiterhelfen?« sein. Der eine Kunde empfindet diese Ansprache als nett und aufmerksam, ein anderer kann sie jedoch auch als aufdringlich bewerten. Wie auch immer das Zusammenspiel der erlebten Service-Momente und der geplanten Erfolgsfaktoren ist, der Kunde, Gast oder Patient bewer-

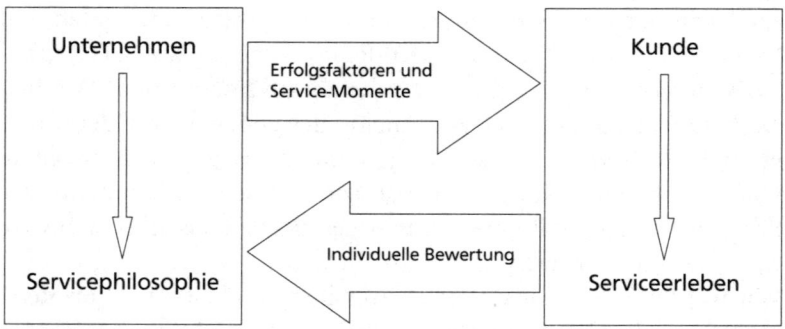

Abb. 2: Die individuelle Bewertung der Kunden

tet diesen Service in dieser Situation und schließt aufgrund seiner Bewertung auf eine vorhandene oder nicht vorhandene Servicephilosophie.

In Anlehnung an die unterschiedlichen und individuellen Erwartungen laden wir Sie ein, sich in die Rolle des Gastes, Kunden oder Patienten zu begeben und für sich selbst zu entscheiden, welche Gewichtung der beschriebene Service für Sie ganz persönlich darstellt und wie Sie ihn bewerten würden. Ist der Service für Sie selbstverständlich, sollte er so sein oder gleicht er geradezu einer kleinen Überraschung – testen Sie sich selbst, welche Erwartungen und Ansprüche Sie als Kunde, Gast oder Patient an Serviceleistungen haben. Denn diese Erkenntnisse können Sie bei der Gestaltung Ihrer Serviceleistungen und der Entwicklung einer Servicephilosophie unterstützen.

In einer Apotheke

Apotheken sehen sich aufgrund der neuen Gesundheitsreform vor ganz besondere Herausforderungen gestellt. Sie müssen sich einerseits als exzellenter und vertrauenswürdiger Berater präsentieren, andererseits als wirtschaftliche Unternehmen auch Umsätze aus Zusatzverkäufen, beispielsweise als Therapieergänzung, generieren. Diese Tatsache birgt dann große Chancen in sich, wenn in den Apotheken ein Umdenken stattfindet und der Patient zum Kunden wird. Mit dieser Umbenennung wird deutlich, dass nicht mehr allein die Krankheit bzw. deren Heilung im Vordergrund steht, sondern vor allem die ganzheitliche Betrachtung des Menschen mit seinen Bedürfnissen und Erwartungen. Schon in der Einrichtung der Apotheke ist zu erkennen, ob der Kunde sich hier wohlfühlen darf und soll. Eine Duftecke oder leise Klänge im Hintergrund sind Möglichkeiten, dem Kunden eine wohlige Atmosphäre zu vermitteln und laden dazu ein, sich in Ruhe umschauen zu können.

Kurzbeschreibung der Kundin: Weiblich, 34 Jahre, berufstätig in Teilzeit, verheiratet, 1 Kind
Anlass für den Apothekenbesuch: Rezept für die Heilung einer allergischen Hautreaktion

Ich betrete die Apotheke. Mit mir sind drei weitere Kunden anwesend. Eine Mitarbeiterin befindet sich gerade im Gespräch mit einer älteren Dame. Die beiden anderen scheinen auf ihr Medikament zu warten und schauen sich in der Apotheke um. Als ich zum Tresen gehe, kommt sofort eine Mitarbeiterin mit einem Lächeln auf mich zu und sagt: »Guten Tag, womit kann ich ihnen helfen?« Ich erwidere ihren Gruß und reiche ihr mein Rezept. Sie nimmt es lächelnd entgegen und sagt: »Ich schau gerne einmal für Sie nach, ob wir das Medikament hier vorrätig haben. Bitte warten Sie einen kleinen Moment, ich bin gleich wieder für Sie da. Sie können sich ja inzwischen gerne einmal bei uns umschauen.« Nun wusste ich, warum sich die anderen Kunden hier so vertraut bewegten. Übrigens sind die beiden jetzt auch wieder im Gespräch und die ältere Dame hat die Apotheke mit einem zufriedenen Gesichtsausdruck wieder verlassen. Ich zähle insgesamt vier Mitarbeiter. Mir fällt auf, dass alle Mitarbeiter intensiven Kontakt zu den Kunden haben, indem sie diese anlächeln und ihnen in die Augen schauen.

Nach kaum zwei Minuten kommt die Mitarbeiterin mit meinem Medikament wieder: »Ist das Rezept für Sie?« »Ja«, antworte ich ein wenig skeptisch und leicht verblüfft, »wieso?« Die Mitarbeiterin lächelt: »Jetzt weiß ich, dass ich Sie, Frau Münster, bestmöglichst beraten kann, denn oft ist es ja so, dass Medikamente von Bekannten abgeholt werden. Kennen Sie denn das Präparat schon?« »Nein«, antworte ich, wundere mich wieder und bin gespannt, was nun folgen wird…

Nachdem ich über die Einnahme des Medikaments aufgeklärt wurde, fragt mich die Mitarbeiterin, womit ich mich denn generell bei  *meiner empfindlichen Haut – gerade bei der anstehenden Winterzeit – pflege. Ich sage, dass ich bisher nicht die Zeit fand, mich damit mehr zu beschäftigen. »Darf ich Ihnen einmal eine besonders für Ihren Hauttyp entwickelte Pflege vorstellen«, fragt mich die freundliche Mitarbeiterin. Ich nicke ihr zu und mein Interesse ist geweckt.*

Ich verlasse die Apotheke mit meinem Medikament, einer neuen Pflegeserie für meine empfindliche Haut, mit dem Gefühl, freundlich und kompetent beraten worden zu sein und dem Entschluss, diese Apotheke nun als die »Meine« zu betrachten.

Service-Momente	selbstver- ständlich	so sollte es sein	überra- schend
Sofortiges Wahrnehmen der Kundin			
Die freundliche Begrüßung			
Das »echte« Lächeln der Mitarbeiterin			
Interesse an der Kundin durch Fragen			
Die bedarfsorientierte Beratung			
Erfolgsfaktoren			
Sofortiges Wahrnehmen der Kundin			
Die freundliche Begrüßung			
Interesse an der Kundin durch Fragen			
Wörter wie »gerne«			
Ein einladendes Ambiente			
Die bedarfsorientierte Beratung			
Die Beratungsleistung, die zu einer Therapieergänzung und damit zu einem Zusatzverkauf führen kann			

Abb. 3: Zusammenfassung der Service-Momente und Erfolgsfaktoren

Diese Geschichte verdeutlicht, dass das Zusammenspiel von Service-Momenten und Erfolgsfaktoren dazu führen kann, eine neue Kundin durch die bedarfsorientierte Beratung und die ausgesprochen ehrliche Freundlichkeit zu binden.

An der Aufführung der Service-Momente und Erfolgsfaktoren ist zu erkennen, dass sich einige Kriterien in beiden Segmenten wiederfinden. So wird zum Beispiel das Interesse an der Kundin von ihr selbst in diesem Moment als kundenorientierte Haltung der Mitarbeiterin wahrgenommen. Eine geplante Gesprächsführung, beispielsweise unter zu Hilfenahme eines Gesprächsleitfadens, kann auch diese Wirkung bei den Kunden hervorbringen.

Wichtig ist, dass ausschließlich das gute Zusammenspiel von der inneren Haltung der Mitarbeiterin, also einem ehrlichen Interesse an der anderen Person und dem empfohlenen Gesprächsleitfaden zum Erfolg führt. Die Beratungsleistung, die zu einer Therapieergänzung und damit zu einem Zusatzverkauf führt, basiert auf dem geplanten Standard, grundsätzlich den Bedarf der Kunden zu erfragen. Statt ausschließlich reaktiv auf die Wünsche der Kunden einzugehen, empfehlen wir, lieber einmal mehr zu fragen.

Bei einem Zahnarzt

Zahnärzte gehören immer noch zu der Gruppe von Ärzten, die von ihren Patienten ungern freiwillig aufgesucht werden. Die oft praktizierte Taktik vieler Menschen, den nächsten Zahnarztbesuch aus Angst vor Unannehmlichkeiten möglichst lange hinaus zu zögern, wurde durch Anreize und Angebote – wie zum Beispiel das Bonusheft – positiv verändert.

Unangenehme Ursachen wie akute Beschwerden sind nicht mehr der alleinige Hauptanlass für Besuche. Viele Kontakte in der Zahnarztpraxis gelten heute der Prophylaxe. Sie dienen also der Vorbeugung von Schäden, der regelmäßigen Kontrolle oder der professionellen Zahnpflege. Zahnärzte wissen selbst um die häufig fehlende Freiwilligkeit im Patientenkontakt. Sie müssen ihrer Klientel häufig erst einmal unangenehmere Behandlungen zufügen, um dann die erwünschten Heilungserfolge zu erzielen.

Gerade deshalb sollten Zahnärzte sich besonders um das Vertrauen ihrer Patienten bemühen. Eine freundliche, angenehme Umgebung und das individuelle Eingehen auf den einzelnen Patienten sind nur einige Momente des partnerschaftlichen Miteinanders.

Kurzbeschreibung des Patienten: Männlich, 41 Jahre, berufstätig, geschieden, 2 Kinder
Anlass für den Zahnarztbesuch: Kontrollbesuch laut Bonusheft

Da ich beruflich und privat sehr eingespannt bin, freue ich mich, einen Zahnarzt gefunden zu haben, der auch abends bis 21 Uhr Termine annimmt. Er arbeitet in einer Praxisgemeinschaft und organisiert sich im Schichtdienst. Diese Flexibilität wird ja auch von mir seitens meines Arbeitgebers erwartet. So finde ich die Einstellung meines Zahnarztes zeitgemäß und meinen Erwartungen als Patient entsprechend angemessen.

Mein Termin ist um 18:30 Uhr und ich fahre zeitig los. Ich finde sofort einen Parkplatz und gerate somit auch nicht unter Zeitdruck. Pünktlich betrete ich die Praxis und werde sogleich freundlich von der Arzthelferin begrüßt und mit meinem Namen angesprochen.
Ich überreiche ihr meine Patienten-Karte und begebe mich in das kleine Wartezimmer. Kleine Wartezimmer sind für mich generell ein gutes Zeichen für perfekte Organisation. Wer viele Patienten lange warten lässt, benötigt einen großen Raum. Ich nehme Platz und bemerke einen kleinen Tisch mit Gläsern, Wasser und einer Thermoskanne und Bechern. Ich überlege noch, ob ich mir einen Kaffee gönne, da werde ich schon von einer Mitarbeiterin in das Besprechungszimmer meines Zahnarztes gebeten. Es ist ein kleines Zimmer, in dem lediglich ein Tisch und zwei Stühle stehen. Einige Modelle von Prothesen thronen auf einem Regal als Anschauungsobjekte. Auch dieses Zimmer ist neben der ausgezeichneten fachlichen Arbeit meines Zahnarztes der Grund, dass ich ihn an all meine Bekannten und Verwandten weiterempfohlen habe. Wie häufig fühlte ich mich in der Vergangenheit bei

meinen vorherigen Zahnärzten nicht gut aufgehoben, da nach einer kurzen Begrüßung sofort in meinen Mund geschaut wurde und mit mir geredet wurde, ohne dass ich die Möglichkeit hatte, eine Antwort geben zu können. Allein meine liegende Perspektive gegenüber dem stehenden Zahnarzt flößte mir Unbehagen und Ohnmachtgefühle ein. Mein jetziger Zahnarzt versteht es sehr gut, die Besprechung von der Behandlung zu trennen und mir damit die Angst zu nehmen.
Als ich eintrete, empfängt mich mein Zahnarzt wie immer lächelnd: »Hallo Herr Schmitz, schön, Sie einmal wieder zu sehen. Wie geht es Ihnen? Nehmen Sie doch bitte Platz.« Ich antworte: »Ganz gut, Herr Sinner,« und setze mich ihm gegenüber auf den Stuhl. Er blickt mir in die Augen: »Nun steht wieder einmal der halbjährliche Untersu-

chungstermin an und wenn ich mich recht erinnere, wollen wir heute über den Einsatz von Implantaten sprechen. Am Besten wir schauen uns gemeinsam einmal Ihr letztes Röntgenbild an.«
Am Rand des Tisches ist ein Projektor angebracht und mein Röntgenbild leuchtet uns jetzt hell an. »Herr Schmitz, Sie haben ja eine Zusatzversicherung für Implantate abgeschlossen und ich erkläre Ihnen gerne heute ausführlich den Behandlungsprozess. Bitte stellen Sie Ihre Fragen zwischendurch, so dass wir Heute in die konkrete Planung gehen können. Im Anschluss an unsere Besprechung gehen wir dann in das Behandlungszimmer, um die Routineuntersuchung vorzunehmen. Ist das für Sie so in Ordnung?«
Wir sitzen zwölf Minuten in dem Besprechungszimmer, bevor wir gemeinsam in das Behandlungszimmer gehen und ich mit einem Frotteelätzchen bekleidet meinen Mund weit öffne. Noch geht es mir gut.

Service-Momente	selbstver-ständlich	so sollte es sein	überra-schend
Freundliche Mitarbeiter, die den Patienten mit Namen begrüßen			
Erfolgsfaktoren			
Freundliche Mitarbeiter, die den Patienten mit Namen begrüßen			
Sehr kurze Wartezeiten			
Ein Parkplatz vor der Tür			
Kundenorientierte Terminplanung			
Kaltgetränke und Kaffee im Warte-zimmer			
Vorbesprechung und eingehende Beratung im Besprechungszimmer			

Abb. 4: Zusammenfassung der Service-Momente und Erfolgsfaktoren

Bei der Betrachtung der zusammengefassten Service-Momente und Erfolgsfaktoren wird deutlich, dass in dieser Geschichte die

geplanten Faktoren eine große Rolle spielen. Die kurzen Wartezeiten und der Parkplatz vor der Tür sind Kriterien, die planbar
sind und einen verlässlichen Service beschreiben. Besonders ist
aber die Vorbesprechung in dem kleinen Besprechungszimmer
hervor zu heben. Auch wenn diese Form der Begrüßung und Beratung durch den Zahnarzt nicht von den Krankenkassen monetär
honoriert wird, kann der geplante Standard als Erfolgsfaktor einen
Service vermitteln und die Patienten begeistern. Vor allem können
dadurch die Ängste vor der anstehenden Behandlung verringert
und das Vertrauen zum Zahnarzt gestärkt werden. Und wer sich
bei seinem Zahnarzt gut aufgehoben fühlt, wird ihn immer weiter
empfehlen.

In einer Alten- und Pflegeeinrichtung

Aufgrund der neuen Pflegeversicherungsgesetze gibt es eine besondere Problematik und Herausforderung für die Berufsgruppe der Altenpfleger. Im Zentrum des Handelns steht vor allem, alten Menschen zu helfen und beizustehen. In den letzten Jahren ist zu dieser Aufgabe die Anforderung hinzugekommen, jegliche Arbeitsabläufe zu dokumentieren. Zusätzliche Aufgaben binden Zeit.
Zeit spielt in den Alten- und Pflegeeinrichtungen eine besondere Rolle. Ein wichtiges Thema ist vor allem der Mangel an Zeit, sich um die Bewohner intensiv kümmern zu können. Die körperliche Versorgung steht an erster Stelle und hat nachweislich für den Medizinischen Dienst als Kontrollinstanz zu funktionieren.
Die Leitbilder und die Philosophie der Einrichtungen stehen häufig im Gegensatz zu den umsetzbaren Möglichkeiten. Angelehnt an den ursprünglichen Auftrag werben Alten- und Pflegeeinrichtungen häufig mit dem Angebot, die alten Menschen körperlich als auch seelisch zu umsorgen. Darüber hinaus gilt es auch noch die Angehörigen durch Informationen und Veranstaltungen einzubeziehen. Gerade hier ist es notwendig, das Angebot und die Zusatzleistungen so klar wie möglich zu definieren, um weder den Bewohner noch die Angehörigen mit kaum umsetzbaren Versprechen zu konfrontieren. Darüber hinaus wird durch diese Klarheit vermieden, die Mitarbeiter in schwierige Situationen zu versetzen, in denen sie nicht wissen können, welche Versprechungen gemacht wurden und welche nicht.

Kurzbeschreibung des Angehörigen: Männlich, 53 Jahre, berufstätig, ledig
Anlass für den Besuch: 2 × wöchentlich besucht er seine 73-jährige Mutter, die seit einem halben Jahr ein Pflegefall ist

Ich mache mich wie jeden Mittwochabend um 17 Uhr auf den Weg zu meiner Mutter. Mittwochs und sonntags besuche ich sie regelmäßig und seit sie ein Pflegefall ist, muss ich ja auch immer kontrollieren, ob alles in Ordnung ist. Ich kann ja nichts dafür, dass ich sie nicht pflegen kann, aber immerhin kostet es mich eine Menge Geld, damit sie gut versorgt ist. Das Einzige, das mir darüber hinaus bleibt, ist, sie zweimal wöchentlich zu besuchen und zu kontrollieren, ob alles stimmt. Ich hatte mir auch schon überlegt, aus meiner Regelmäßigkeit auszusteigen, um die Pfleger einmal zu überraschen. Vielleicht klappt alles nur so gut, da sie mit mir an festen Tagen rechnen. Ich werde ja sehen, wie es heute ist. Vielleicht ist es auch einmal wieder an der Zeit, sie zurechtzuweisen, damit sie ja nicht auf die Idee kommen, meine Mutter zu vernachlässigen. Die haben ja alle immer keine Zeit.

Ich betrete die Einrichtung und stelle wie immer fest, dass viele Bewohner in ihren Rollstühlen auf dem Gang sitzen und einfach in die Gegend schauen. Ich grüße alle freundlich und erhalte selten Antwort. In meinem Kopf fliegen nur so die Gedanken und Ängste durcheinander und ich hoffe inständig, dass mir jene Form des Altwerdens erspart bleiben wird. Meine Mutter kann nicht mehr aufstehen und sie teilt sich ein Zimmer mit einer sehr netten Dame, die noch mobil ist. Ich betrete das Zimmer und begrüße meine Mutter mit einem Kuss auf ihre Stirn. »Guten Abend, Mutter, wie geht es Dir heute, ist alles in Ordnung, bist Du gut versorgt?« Das sind immer meine ersten Worte und wie immer antwortet sie: »Hallo mein Junge, mach Dir keine Sorgen, mir geht es wie immer und ich habe alles. Ich brauche ja auch nichts mehr.« Ich nehme ihre Hand und frage sie »wie viel hast Du heute denn getrunken? Du weißt, wie wichtig das Trinken für Dich ist.« Ich habe den Pflegern gesagt, dass sie besonders darauf zu achten haben, dass meine Mutter trinkt. Sie will das zwar nicht, aber dafür sind ja die Pfleger da, um darauf aufzupassen. »Ich weiß nicht, vielleicht ein halbes Glas, ich mag ja nicht trinken, das weißt Du doch, Junge«, antwortet sie.

In mir steigt eine Wut auf und ich verlasse das Zimmer auf der Suche nach einem Pfleger. Natürlich ist niemand zu sehen und so gehe ich in Richtung des Pausenraumes. Kurz bevor ich dort ankomme, begegnet mir eine sehr junge Pflegekraft. Ich gehe zielstrebig und wütend auf sie zu: »Sie lassen meine Mutter verdursten. Muss ich jetzt täglich kom-

men, um Ihre Arbeit zu machen? Das kann doch nicht wahr sein. Ich bezahle horrende Summen für den Pflegeplatz meiner Mutter und Sie sind nicht in der Lage, Ihre Arbeit anständig zu machen. Wenn wir in der Wirtschaft so arbeiten würden, wären wir schon längst bankrott. Sie haben es hier mit Menschen zu tun und übernehmen keinerlei Verantwortung, sondern lassen die hilflosen Alten hier so liegen und überlassen sie sich selbst. Kommen Sie sofort mit zu meiner Mutter, ansonsten gehe ich zur Zeitung – dann wollen wir 'mal sehen, wie Sie arbeiten können, wenn Sie müssen.«

Ich habe einen hochroten Kopf und die junge Pflegekraft steht kerzengerade vor mir, schaut mir in die Augen und spricht in einem sanften Ton: »Hallo Herr Winter, ich kann Ihren Ärger gut verstehen. Sie haben Angst, dass Ihre Mutter zuwenig trinkt. Wie gut, dass sie mich ansprechen. Was genau ist denn passiert?« Ich bin etwas verdutzt über diese Reaktion und hatte eher damit gerechnet, dass die Mitarbeiterin alles abstreiten würde.

Mit Verständnis und Interesse hatte ich nicht gerechnet und antworte. »Ich habe gerade meine Mutter gefragt, wie viel sie heute getrunken

hat und sie hat gesagt, ein halbes Glas. Das kann doch nicht sein. Wenn sie sowenig trinkt, dann trocknet sie aus und wird noch schwächer. Sie müssen aufpassen, dass sie mindestens einen Liter trinkt.« »Oh ja, ein Liter ist das Mindeste. Herr Winter, wir dokumentieren täglich die Flüssigkeitsaufnahme unserer Bewohner. Wenn Sie mich begleiten wollen, können wir gemeinsam einmal nachschauen, was Ihre Mutter in den letzten Tagen zu sich genommen hat. Ich weiß, dass sie ungern trinkt und wir mit Engels Zungen auf sie einreden, damit sie das Wasser zu sich nimmt. So, hier ist die Dokumentationskarte Ihrer Mutter. Gestern und Vorgestern hat sie einen Liter getrunken, heute fehlt jedoch ein viertel Liter. Herr Winter, sind Sie so lieb und unterstützen uns mit dem »gut zureden«. Ich weiß, dass Sie zweimal wöchentlich Ihre Mutter besuchen und

wenn wir, das heißt Sie und wir Pflegekräfte – wir alle gemeinsam, Ihre Mutter dazu motivieren können, mehr zu trinken, wäre es doch schön. Was sagen sie dazu?«
Ich muss erst einmal schlucken und spüre eine Erleichterung. Dieser Vorschlag ist nicht schlecht, dachte ich und antworte: »Ich wusste nicht, dass Sie alles so genau festhalten. Haben Sie denn schon einmal gefragt, ob sie etwas anderes als Wasser trinken möchte?« »Ja, sie bekommt ja Tee zum Frühstück und Abendbrot, und Saft mag sie nicht so gerne. Aber vielleicht ja von Ihnen. Wollen Sie einmal eine Flasche Apfelsaft mitnehmen und es versuchen, Herr Winter?« »Ja, gerne«, antworte ich und nehme die Flasche Apfelsaft, die mir die Mitarbeiterin entgegenhält.
Auf dem Weg nach Hause denke ich im Auto über diesen Zwischenfall nach. Selten hat mich jemand so gut verstanden und meinen Ärger so gut in den Griff bekommen. Wie oft musste ich mich bei Unternehmen beschweren, ohne dass ich das Gefühl hatte, ernst genommen zu werden. Ich entschied, dass ich die richtige Einrichtung für meine Mutter ausgesucht habe und fahre beruhigt nach Hause.

Service-Momente	selbstverständlich	so sollte es sein	überraschend
Die Reaktion der Mitarbeiterin auf die Beschwerde entsprach ehrlichem Interesse und Verständnis			
Der Angehörige wurde in die Lösung der Beschwerde mit einbezogen			
Die Mitarbeiterin suchte keine Ausflüchte und rechtfertigte sich nicht, sie stellte Fragen und klärte auf			
Das Gespräch war schnell zukunftsorientiert und dadurch lösungsorientiert und nicht problemorientiert			
Erfolgsfaktoren			
Das Gespräch war schnell zukunftsorientiert und dadurch lösungsorientiert und nicht problemorientiert			

Abb. 5: Zusammenfassung der Service-Momente und Erfolgsfaktoren

Diese Geschichte beschreibt, wie schwer es ist, Erfolgsfaktoren einzusetzen, wenn es um die Gefühle und Ängste der Menschen geht. In diesem Beispiel befindet sich der Angehörige in einer schwierigen Situation. Er kann seine Mutter nicht selbst versorgen und hat ihr und sich selbst gegenüber ein schlechtes Gewissen. So versucht er in seiner Lage, das Bestmögliche für seine Mutter zu tun. Standards können in der Bearbeitung der Abläufe Sicherheit, Verlässlichkeit und damit auch zuverlässigen Service vermitteln. In der Begegnung jedoch ist es wichtig, dass die innere Haltung des Mitarbeiters und sein Verhalten stimmig sind und zum Kundenanliegen passen.

Durch abgearbeitete Handlungsanweisungen oder sogar Standards kann ein Kunde kaum in einer für ihn so schwierigen Situation Wertschätzung und Service wahrnehmen. Das Mitgefühl des Mitarbeiters und das Erkennen der Not des Kunden ist die Voraussetzung, um dieser Problematik in der Weise begegnen zu können, dass ein für beide Seiten akzeptables Ergebnis erzielt wird. Eine unterstützende Maßnahme in Form von Wissensvermittlung im Umgang mit Konflikten könnte als Erfolgsfaktor in diesem Kontext betrachtet werden und das Ergebnis erzielen, lösungsorientierte statt problemorientierte Gespräche führen zu können.

Bei einem Ambulanten Pflegedienst

Die ambulanten Pflegedienste stehen vor ähnlichen Herausforderungen wie die Alten- und Pflegeeinrichtungen. Auch sie haben gewinnbringend zu arbeiten und müssen daher ein hohes Maß an Zeitmanagement und Organisationstalent hervorbringen, ohne dabei den Patienten und seine Angehörigen aus dem Blickpunkt zu verlieren. Ob bei der Kurzzeit- oder Langzeitpflege, die Mitarbeiter haben flexibel zu sein und sich den Anforderungen anzupassen.

Ein genaues Angebot, das den Pflegestufen entsprechend vom Medizinischen Dienst vorgegeben ist, gilt es einzuhalten, auch wenn der Patient eine darüber hinausgehende Bitte an sie stellt. In solchen Momenten ist es besonders schwer für die Pflegekraft, ihrem eigenen Anspruch gerecht zu werden.

Oft wird dann Service gleichgesetzt mit der Erfüllung eines Sonderwunsches. Das kann wiederum dazu führen, dass die Pflegekraft unter Zeitdruck gerät und parallel dazu bei dem Patienten die Erwartungshaltung wächst. Daher ist es besonders wichtig, in diesen Situationen als Mitarbeiter abzuwägen, was möglich ist. Gerade hier ist es wesentlich, die Begegnungsform und die Beziehung zu betrachten. In allen Situationen, in denen Menschen hilfsbedürftig sind, kann die Beziehung ein Abhängigkeitsverhältnis werden, das nie von dem helfenden Menschen ausgenutzt werden darf.

Kurzbeschreibung der Patientin: Weiblich, 78 Jahre, Rentnerin

Anlass der Kurzzeitpflege: Die Patientin ist gestürzt, aus dem Krankenhaus wieder entlassen, kann sich jedoch noch nicht wieder (alleine) selbst versorgen.

Es ist nicht einfach, Hilfe anzunehmen. Nur weil ich gestürzt bin, muss ich mir jetzt von einer fremden Person helfen lassen. Ich kann mich nicht richtig anziehen und mir nichts zu essen kochen. Für das Mittagessen habe ich mir »Essen auf Rädern« bestellt, nur kann ich

mich nicht alleine waschen und anziehen. Meine Tochter lebt in einer anderen Stadt, so dass auch sie mir jetzt nicht helfen kann. Allerdings hat sie sich um diesen Pflegedienst gekümmert. Dafür bin ich schon sehr dankbar. Sie hat die notwendigen Gespräche geführt, als ich im Krankenhaus war und alles organisiert. Die erste Nacht habe ich hier ganz gut überstanden.

Ich warte jetzt auf die Pflegekraft, sie hat ja keinen Schlüssel, also muss ich ihr die Tür öffnen. Hoffentlich ist es eine Frau. Ich habe meiner Tochter extra gesagt, dass sie darauf zu achten hat. Um neun Uhr soll sie kommen. Es ist zwei Minuten vor neun und es klingelt. Pünktlichkeit ist ein vertrauenswürdiges Zeichen. Ich öffne die Tür und vor mir steht eine Frau, die Mitte vierzig ist, sie lächelt und begrüßt mich: »Guten Morgen, Frau Niemann. Mein Name ist Linda Mai, wie geht es Ihnen heute morgen?« Ich begrüße sie auch und bitte sie herein. Ich führe sie erst einmal in mein Wohnzimmer, da ich das Bedürfnis habe mit Frau Mai zu sprechen, bevor sie mich wäscht und anzieht: »Frau Mai, ich wurde noch nie von einem ambulanten Pflegedienst betreut und die Vorgespräche hat meine Tochter mit Ihnen geführt. Bitte erzählen Sie mir erst einmal, was ich zu erwarten habe. Sie kommen doch jeden Morgen, um mich anzuziehen und mich zu waschen. Ist das richtig? Abends muss ich dann ja alleine zu recht kommen, oder?«

Frau Mai sitzt mir gegenüber und erklärt mir mit einer sehr freundlichen und gelassenen Art, wie die nächsten zwei Wochen organisiert sind: »Frau Niemann, genau aus diesem Grund bin ich als Leiterin des Pflegedienstes heute Morgen zu Ihnen gekommen. Wir können jetzt gemeinsam besprechen, wie die nächsten zwei Wochen organisiert sind und welche Leistungen Sie im Zuge der Pflegestufe erhalten. Falls Sie Wünsche darüber hinaus haben sollten, sprechen Sie mich bitte an. Wir können Ihnen dann sagen, wie viel es kostet und Sie überlegen sich, ob es für Sie in Ordnung ist. Ich habe Ihnen auch noch unser Informationsmaterial mitgebracht, das Sie in aller Ruhe durchlesen können. Und bitte, wenn dazu Fragen entstehen, rufen Sie mich an, und ich erkläre es Ihnen dann gerne. Heute bin ich für Sie da und morgen wird Frau Helga Seitz zu Ihnen kommen. Ist neun Uhr für Sie angenehm?«

Ich bejahe ihre Frage und fühle mich gut aufgehoben. Aufgrund ihrer offenen Art gelange ich sogar dazu, Verständnis für das wechselnde Pflegepersonal zu haben, das mich betreuen wird. Natürlich arbeitet niemand sieben Tage die Woche. Ihr Bemühen, darauf zu achten, dass keine männliche Pflegekraft zu mir kommt, beruhigt mich und stimmt mich zuversichtlich. Unser Gespräch im Wohnzimmer dauert fünfzehn Minuten, dann bin ich auch bereit, mich von ihr und ihren Kolleginnen versorgen zu lassen. Es ist keine allzu gute Erfahrung, von der Hilfe anderer abhängig zu sein, aber es hilft ungemein, mit Menschen zu tun zu haben, die freundlich und verständnisvoll sind.

Service-Momente	selbstverständlich	so sollte es sein	überraschend
Die freundliche und verständnisvolle Ansprache und Beratung			
Offenheit in der Weitergabe des Leistungsangebots			
Vermittlung von Klarheit bei der Organisation der zweiwöchigen Pflege			
Positive Sprache, Verzicht auf »können wir leider nicht« oder »sie haben ja nur Pflegestufe 1, da sind ja nicht so viel Leistungen enthalten« etc.			

Erfolgsfaktoren			
Pünktlichkeit			
15 Minuten Zeit für das Beratungs-gespräch			
Vermittlung von Klarheit bei der Organisation der nächsten Zeit			
Bei dem ersten Besuch kommt die Leitungskraft und erklärt den Ablauf und geht auf die Bedenken ein			

Abb. 6: Zusammenfassung der Service-Momente und Erfolgsfaktoren

Die Pünktlichkeit, die festgelegte Zeit für das Vorgespräch und der Einsatz der Leitungskraft bei dem Erstgespräch sind eindeutig zu planende Erfolgsfaktoren. Diese Faktoren vermitteln dem Patienten Sicherheit und Professionalität. Eine Idee für einen weiteren Erfolgsfaktor könnte eine schriftliche Zusammenfassung des Ablaufes der nächsten zwei Wochen sein. Diese Unterlage kann Bestandteil der Informationsunterlagen sein, die der Kundin von der Leitungskraft überreicht werden.

Bei der Betrachtung der Service-Momente spielt das Verhalten und die Art der Kommunikation eine wesentliche Rolle, um das Vertrauen der Patientin zu gewinnen. In diesem Beispiel deutet das positive Verhalten der Leitungskraft darauf hin, dass sie eine innere Einstellung besitzt, die das Wohl der Patientin und das uneingeschränkte Verständnis für diese Situation an die erste Stelle setzt.

In einer Filialbank

Bei den Banken kehrt zunehmend der Servicegedanke ein. Der Kunde sieht sich mehr und mehr einem wachsenden Angebot gegenüber, das sich u.a. durch Bequemlichkeit und einer einfachen Produktgestaltung auszeichnet. Wer heute als Kunde flexibel ist, kann die angebotenen günstigen Konditionen und attraktiven Zinsen nutzen. Die Angebote, die gegenwärtig durch Direktbanken präsentiert werden, haben den Kunden von der Filialbank unabhängiger gemacht. Die Erreichbarkeit, kundenorientierte Öffnungszeiten und der freundliche Umgang sind nunmehr der Anspruch und die Erwartungshaltung eines jeden Bankkunden. Ob mit oder ohne Beratung, wichtig ist, dass die zu erwartenden Angebote eindeutig gestaltet sind. Dies erleichtert dem Kunden die Auswahl der Bankdienstleistungen zu treffen, die zu ihm passen.

> **Kurzbeschreibung der Kundin:** Weiblich, 34 Jahre, ledig
> **Anlass des Bankbesuchs:** Eröffnung eines Sparbuches, um gemeinsam mit dem Partner für die anstehenden Urlaube zu sparen

Ich bin gerade auf dem Weg zu meiner Bank, da wir gestern beschlossen hatten, gemeinsam für unseren Urlaub zu sparen. Da ich schon immer bei einer Filialbank war und sehr zufrieden bin, habe ich zu meinem Partner gesagt, dass ich mich darum kümmern werde. Mein Partner ist Direktbankkunde und ich kann mir nicht wirklich vorstellen, dort mein Geld zu sparen. Also mache ich mich auf den Weg zu meinem persönlichen Bankberater.
Es halten sich gerade viele Kunden in dem Empfangsbereich auf. Einige stehen bei den Geldautomaten an, andere drucken sich ihre Kontoauszüge aus. Ich gehe zielstrebig zu dem Schalter und bin die nächste Kundin. Die Abtrennungslinie, die die Vertraulichkeit wahren soll, empfand ich von Beginn an als eine sehr gute Idee. Ich werde von der Angestellten begrüßt: »Guten Tag, was kann ich für Sie tun?« »Guten Tag, ich möchte ein Sparbuch eröffnen,« antworte ich. »Sind Sie be-

reits Kundin unserer Bank?« fragt mich die Mitarbeiterin und lächelt mich freundlich an. »Ja, schon seit einer Ewigkeit«, erwidere ich und frage: »Bin ich denn bei Ihnen richtig?« »Am Besten ich melde Sie bei meiner Kollegin an. Einen kleinen Moment bitte. Ich rufe sie schnell per Telefon. Haben Sie etwas Zeit mitgebracht und wie ist Ihr Name, bitte?« »Ja, ich habe etwas Zeit. Mein Name ist Angela Ziehmer,« antworte ich und frage mich, wieso die Eröffnung eines Sparbuchs so lange dauern würde. Sie greift zum Hörer, meldet mich bei ihrer Kollegin an und nachdem sie aufgelegt hat, schaut sie mir in die Augen und sagt: »Bitte gehen Sie an den zweiten Schreibtisch auf der linken Seite. Dort erwartet Sie schon meine Kollegin Frau Küster.« Ich nicke und sie verabschiedet sich mit den Worten: »Vielen Dank und bis zum nächsten Mal, Frau Ziehmer.«

Ich gehe langsam zu dem zweiten Schreibtisch. Frau Küster erblickt mich und steht sofort von ihrem Stuhl auf, um mich zu begrüßen: »Hallo Frau Ziehmer, wie ich von meiner Kollegin gehört habe, möchten Sie ein Sparbuch eröffnen?« »Guten Tag Frau Küster, ja, das will ich und ich hätte nicht gedacht, dass das kompliziert werden würde,« antworte ich. Sie zeigt freundlich auf den Stuhl: »Bitte nehmen Sie doch Platz. Nein, kompliziert soll es nicht werden. Wofür benötigen Sie denn dieses Sparbuch?« »Mein Partner und ich, wir wollen künftig gemeinsam für unseren Urlaub sparen und ich hatte früher schon einmal ein Sparbuch. Schön daran fand ich immer, etwas in der Hand zu haben. Da dachte ich, das wäre die einfachste Möglichkeit. Ist das nicht so?« frage ich gespannt. »Ja, früher war das die einfachste und gängigste Methode, um Geld zu sparen. Ihnen ist also wichtig,

schwarz auf weiß ihren Sparerfolg zu verfolgen. Heute hat uns die Elektronik eingeholt und so arbeiten wir noch kundenfreundlicher und nur ein wenig anders. Es heißt jetzt nicht mehr Sparbuch und ist ein Heft, in dem jeder Vorgang per Hand ein – und ausgetragen wird, sondern es ist eine Art Konto mit Kontonummer und einer *attraktiveren Verzinsung. Möchten Sie, dass ich es Ihnen genauer erkläre?« Erstaunt darüber, dass auch in der Bank Tradition nicht mehr soviel zählt, bin ich offen und bereit für das Neue.*

Ich eröffne das sogenannte Sparkonto, zahle sofort die ersten zweihundert Euro ein und verlasse in froher Erwartung auf unseren ersten Auszug meine Bankfiliale. Die Freundlichkeit und die Bereitschaft, sich für meine Beratung die Zeit zu nehmen, bestätigt mich darin, dass ich hier gerne Kundin bin.

Nach diesem Gespräch rufe ich erst einmal meinen Partner an und verkünde ihm, dass ich alles erledigt habe, sehr zufrieden bin und mich auf unseren nächsten gemeinsamen Urlaub freue.

Service-Momente	selbstver- ständlich	so sollte es sein	überra- schend
Genaues Zuhören und die entsprechende Bedarfsanalyse			
Eingehende Beratung am Tisch			
Verständliche Erläuterung der innovativen und alternativen Produkte zum nicht mehr vorhandenen Produktwunsch der Kundin			
Erfolgsfaktoren			
Keine Wartezeit			
Ansprache der Kundin mit Namen			
Verständliche Erläuterung der innovativen und alternativen Produkte zum nicht mehr vorhandenen Produktwunsch der Kundin			
Eingehende Beratung am Tisch			

Abb. 7: Zusammenfassung der Service-Momente und Erfolgs-Faktoren

Keine Wartezeit und das Ansprechen der Kundin mit ihrem Namen vermitteln grundsätzlich Wertschätzung und sind Erfolgsfaktoren,

die zu einer Kundenbindung beitragen können. Die eingehende
Beratung am Tisch kann die Kundin als Service-Moment wahrnehmen. Es kann auch ein Erfolgsfaktor sein, wenn eine Vereinbarung
vorliegt, die besagt, dass Beratungsgespräche grundsätzlich im Sitzen und am Tisch erfolgen.

Bei intensiven Beratungen sollte das Angebot eines Getränkes wie
Wasser oder Kaffee auch als Erfolgsfaktor festgelegt sein. In dieser
Geschichte wird deutlich, dass eine für den Kunden verständliche
Sprache bei den produktspezifischen Erläuterungen und ein ent-
sprechendes fachliches Wissen der Mitarbeiterin zu einer vertrau-
ensvollen und partnerschaftlichen Kundenbeziehung führt.

In einem Hotel

Das Hotel- und Gaststättengewerbe ist eine der Branchen, von der der Gast stets eine besonders große Aufmerksamkeit in der Dienstleistung erwartet. Angefangen von der Kontaktaufnahme am Telefon, per Fax oder E-Mail wird hier insbesondere eine schnelle und höflich korrekte Reaktion erwartet. Sauberkeit und Annehmlichkeit der Hotelzimmer ist das Mindestmaß der Anforderungen. Jedoch lässt sich der Gast gerne darüber hinaus von der Freundlichkeit und Aufmerksamkeit der Mitarbeiter positiv überraschen. Die großen Hotelketten vermitteln Standardisierung und die kleinen und mittleren Hotels setzen vermehrt auf Individualität und gestalten die Hotelzimmer sehr unterschiedlich in ihrer Größe und Ausstattung.

Das Wohlbefinden der Gäste sollte jedoch – ob Standard oder Individualität – immer an erster Stelle stehen. Genau hier liegt die Kunst der Mitarbeiter, die Bedürfnisse der Gäste zu erforschen, um ihnen dann den Aufenthalt so angenehm wie möglich zu gestalten. Nur wer gerne Dienstleister ist und sich darauf versteht, dem Gast zu dienen – ohne sich dabei zu unterwerfen – ist in der Lage, eine Philosophie des anspruchsvollen Servicegedankens umzusetzen. Mit Phantasie und einem hohen Maß an Eigenverantwortung ist gerade im Hotelbetrieb die Möglichkeit gegeben, seitens der Mitarbeiter dem Gast Service zum Erlebnis machen zu können.

Kurzbeschreibung des Gastes: Männlich, 34 Jahre, Manager, verheiratet
Anlass des Hotelbesuchs: Geschäftsreise, zweitägiger Aufenthalt

Einmal wieder befinde ich mich auf Geschäftsreise. Fast keine Woche vergeht, in der ich nicht ein bis zwei Nächte in einer anderen Stadt verbringe. Mir macht meine Arbeit viel Spaß, jedoch sind die vielen Hotelaufenthalte für mich nicht mehr erstrebenswert. Ich habe schon viele schlechte und so manche gute Erlebnisse gehabt und bin gespannt, was mich heute Abend erwartet. In diesem Hotel in Berlin habe ich noch nicht übernachtet. Ich bin spät dran, da meine Besprechung bis in den frühen Abend ging und ich mich danach erst auf dem Weg machen konnte. Ich fahre nur selten mit dem Auto, aber bei dieser Reise war es sinnvoll, da ich meine Termine flexibel gestalten wollte.

Morgen früh habe ich um neun Uhr schon den nächsten Termin. Hoffentlich ist es im Hotel so ruhig, dass ich schlafen kann, und die Betten sind nicht zu kurz. Ich habe ja schon so manches erlebt. Für besonders anspruchsvoll halte ich mich nicht, aber es gibt halt Dinge, die müssen stimmen. Es ist halb elf Uhr nachts als ich durch die Parkschranke des Hotelparkplatzes fahre.

Ich hatte schon durch meine Sekretärin meine späte Ankunft avisieren lassen. Dafür sorge ich schon. Ich steige aus meinem Auto aus, öffne den Kofferraum und gehe mit meinem Koffer und meinem geschulterten Laptop zum Haupteingang. Ich gehe gezielt auf die Rezeption zu. Ein junger freundlicher Mitarbeiter begrüßt mich mit den Worten »Einen schönen guten Abend, Herr Klein. Hatten Sie eine gute Anreise?« Ich bin sehr verdutzt. Der Mitarbeiter spricht mich mit meinem Namen an, obwohl ich noch nie hier übernachtet habe.

Er steht hinter dem Counter und strahlt mich frisch an und ich antworte: »Ja, ich bin gut durchgekommen, so spät gibt es ja keine großen Staus auf der Autobahn. Aber sagen Sie doch bitte, woher wissen Sie meinen Namen? Ich war doch noch nie hier und ein Schild trage ich auch nicht an meinem Revers. Sie überraschen mich.« Immer noch strahlend antwortet der Mitarbeiter: »Naja, Herr Klein, Sie sind angekündigt und alle anderen Gäste sind schon eingecheckt. Für mich war einfach klar, dass Sie Herr Klein sein müssen und so habe ich Sie

dann auch begrüßt. Mir macht es einfach Spaß, wenn ich eine Möglichkeit sehe, den Gast positiv zu überraschen. Ist es mir denn bei Ihnen gelungen?« »Ohja, das ist mir noch nie passiert. Eine gelungene Überraschung. Den Spaß an ihrer Arbeit bemerkt man auch.«

Mit gehobener und guter Laune check ich bei dem freundlichen Mitarbeiter ein. Nun bin ich gespannt, ob dieses Hotel auch meinen grundsätzlichen Anforderungen entspricht. Ich fahre mit dem Fahrstuhl in den elften Stock und betrete mein Zimmer. Und wie ich gehofft habe, das Bett ist lang genug und auch die Matratze ist nicht zu weich. Zwei Kissen liegen gekrönt mit einem Betthupferl einladend auf dem Bett. Ich inspiziere noch das Badezimmer und bin überrascht, dass sowohl eine Badewanne als auch eine Dusche eingebaut wurde. Welch ein Luxus. Das nutze ich doch gleich aus und lasse Wasser in die Wanne laufen. Es ist ruhig und ich weiß, dass ich eine erholsame Nacht hier verbringen werde. Kurz vor dem Einschlafen beschließe ich, wenn ich wieder einmal in Berlin zu tun habe, werde ich wieder in diesem Hotel übernachten. Ich werde gleich morgen meiner Sekretärin davon berichten und beim Essen den Geschäftspartner mein Erlebnis mit dem Mitarbeiter am Empfang erzählen.

Service-Momente	selbstver-ständlich	so sollte es sein	überra-schend
Strahlendes Lächeln des Mitarbeiters			
Spürbarer Spaß an der Arbeit durch Phantasie und Offenheit			
Erfolgsfaktoren			
Ausreichende Parkplätze am Hotel			
Begrüßung mit persönlicher Ansprache			
Check-in auch zu später Stunde möglich			
Zwei Kopfkissen			
Ein Betthupferl			

Abb. 8: Zusammenfassung der Service-Momente und Erfolgs-Faktoren

Ein Überraschungseffekt war Anlass dieser Geschichte. Der Gast hat mit dieser Art der Begrüßung nicht gerechnet. So konnte er trotz der späten Stunde und seiner Erschöpfung den Mitarbeiter als strahlend und sehr freundlich wahrnehmen. Ein eindeutiger Service-Moment, der dazu beiträgt, dass das Hotel in der positiven Erinnerung des Gastes erhalten bleibt. Um jedoch mit dem Hotel insgesamt zufrieden zu sein, ist es unabdingbar, das Angebot so zu gestalten, dass den Erwartungen des Gastes entsprochen wird.

Ein Mitarbeiter, der Spaß an seiner Arbeit vermittelt, trägt zu einem großen Teil dazu bei, dass sich der Gast in diesem Hotel wohl fühlen kann. Würde weder das Zimmer noch das Frühstück den Anforderungen des Gastes entsprechen, wäre der so freundliche Mitarbeiter sicherlich nicht der Grund, um in diesem Hotel ein zweites Mal zu übernachten. Service-Momente sprechen die Emotionen der Kunden positiv an und verstärken die Loyalität der Kunden. Service-Momente können jedoch keine grundsätzlichen Defizite oder Mängel im Angebot wettmachen.

In einem Restaurant

Den sehr hohen Anspruch der Gäste sowohl bei Hotel – als auch bei Restaurantbesuchen haben wir schon in der vorherigen Geschichte angesprochen. Die Konkurrenzsituation dieser Branche bleibt unbenommen groß. So hat jedes Restaurant durch sein spezielles Angebot – ob gute Haumannskost, griechisches, italienisches, spanisches, koreanisches oder japanisches Essen – die Erwartungen der Gäste an die Speisen zu erfüllen. Neben der schmackhaften und ansprechenden Zubereitung gilt es darüber hinaus für eine ansprechende Atmosphäre zu sorgen. Die Musik und das Ambiente tragen genauso dazu bei, wie der freundliche und aufmerksame Umgang der Bedienung.

Welcher besondere Service geleistet wird, ist auf den ersten Blick von den Gästen nicht sofort zu erkennen. Ein Beispiel für einen klaren Zusatzservice ist, wenn ein Restaurant zur Mittagszeit eine Tafel auf der Strasse stehen hat, auf der versprochen wird, dass das Mittagessen innerhalb von z.B. zehn Minuten serviert wird. Dieses Versprechen ist vom Restaurant unbedingt einzuhalten, da ansonsten der Gast enttäuscht wird und es zu einer Beschwerde kommen kann.

Der angebotene und klar definierte Service ist eine Möglichkeit, sich von seinen Mitbewerbern abzusetzen. Und dazu gehört Phantasie und Einfallsreichtum, denn auch bei einem Restaurantbesuch wird es immer schwieriger, den Gast noch überraschen zu können. Vielleicht sind es gerade die kleinen Dinge, mit denen Kunden nicht unbedingt rechnen.

Denken Sie einmal an den ersten Ouzo, den Sie nach dem Essen in einem griechischen Restaurant einfach so geschenkt bekommen haben. War es damals noch eine Überraschung, ist es heute zur Selbstverständlichkeit geworden. Dieses Phänomen ist zu erklären: Was als Überraschung und als Abgrenzung zu den Mitbewerbern einmal gedacht ist, sollte dem Gast entsprechend präsentiert werden. Kommentarlos und wiederholt, dem Gast ein Geschenk zu machen, schürt automatisch seine künftige Erwartungshaltung. Dieser wäre dann enttäuscht, wenn er beim vierten Besuch keinen Ouzo erhält. Er fragt sich in dieser Situation, was habe ich getan, dass ich jetzt keinen Ouzo mehr bekomme. Eine Beschwerdehaltung entsteht, obwohl der geschenkte Ouzo doch lediglich als kleine Zusatzleistung zur Kundenbindung gut gemeint war.

Die Speisekarte und die Öffnungszeiten auf dem Schild stellen das Angebot dar, das es in jedem Fall zu erfüllen gilt. Hier spricht man von einem *Muss-Service*. Das Zusatzangebot eines Geschenks, wie z.B. eine kleine Vorspeise oder der Ouzo, werden nur dann vom Gast als Extraleistung wahrgenommen, wenn das Extra auch als Solches von der Bedienung präsentiert wird. Kommentarlos in Folge Geschenke zu überreichen, weckt bei den Kunden die Erwartungshaltung und den selbstverständlichen Anspruch darauf. So kann sehr schnell aus einem *Kann-Service* ein *Muss-Service* werden.

Kurzbeschreibung der Gäste: Weiblich, 34 Jahre, Ihr Mann und die beiden Kinder (10 und 13 Jahre alt)
Anlass des Restaurantbesuchs: ein Sonntagsausflug / Mittagessen

Nur selten machen wir mit der gesamten Familie einen schönen Ausflug ins Grüne. Oft liegen irgendwelche Verpflichtungen an, sei es die Gartenarbeit oder Besuche von der Familie oder von Freunden. Wenn wir dann erst einmal loskommen und uns ein schönes Ziel ausgedacht haben, sind wir uns alle einig, dass es ein besonders schöner Tag werden soll. Dazu gehört selbstverständlich ein Restaurantbesuch. Es ist nicht immer einfach, all unsere verschiedenen Geschmäcker unter einen Hut zu bekommen. Meine Tochter liebt das chinesische Essen, ich esse gerne thailändisch, da ich es nicht selbst kochen kann und Martin, mein Mann, könnte jeden Tag griechisch essen. Nur Thorben ist es relativ egal, wohin wir essen gehen – er freut sich immer auf den Nachtisch.

Wir haben schon eine längere Fahrt und einen ausgiebigen Spazier-gang durch den Wald hinter uns, als sich bei uns allen der Hunger meldet. Wir gehen schnell zu unserem Auto und machen uns auf die Suche nach einem ansprechenden Restaurant. Wir sind immer sehr froh, wenn wir eine Gaststätte finden, die uns allen gefällt.

Wir fahren los und unsere Mägen knurren. Eine lange Suche wird es nicht geben bei unserem Hunger. Martin sieht ein kleines Ausflugsre-staurant und fragt, ob wir hier essen wollen. »Es sieht nett aus, was meint ihr, Sophie und Thorben?« »Ist okay – hab Hunger,« antwortet Sophie. »Schnell rein da – gibt es da auch Eis?« fragt Thorben. Martin parkt schon ein und ich springe aus dem Auto, um die Speisekarte, die draußen in einem Glaskasten aushängt, zu studieren. »Alles, was das Herz begehrt,« sage ich und wende mich Martin zu »die Preise sind auch okay.« Martin meint nur dankbar: »Nichts wie rein da!«

Wir öffnen die Tür und stehen in einem freundlich hellen Raum. Ein Mitarbeiter mit weißem Hemd und schwarzer langer Schürze kommt uns lächelnd entgegen und begrüßt uns »Herzlich Willkommen bei

uns! Wo möchten Sie sitzen – im Nichtraucher- oder Raucherbereich?« Wir sehen uns überrascht an, denn di-ese Unterscheidung in den Bereichen freut uns sehr und wir treffen sie noch recht selten an. Ich war zwar selbst einmal Raucherin, aber meinen Kin-dern zuliebe habe ich es aufgegeben. Uns schmeckt das Essen einfach nicht, wenn der Raum voller Qualm hängt.

»Oh, wie schön«, antworte ich, »gerne essen wir in der Nichtraucher-zone.« »Sehr gerne, bitte, ich begleite Sie zu Ihrem Tisch.«

Der Kellner macht einen lockeren und ungestressten Eindruck, ob-wohl das Restaurant gut besucht ist. Ich habe das Gefühl, wir genie-ßen gerade seine volle Aufmerksamkeit. Auf dem Weg zu unserem Tisch wird der Kellner von einem Gast angesprochen, der um die Rechnung bittet. Der Kellner antwortet ihm freundlich: »Die Rech-

*nung kommt sofort, vielen Dank.« Er wendet sich wieder uns zu und
fragt: »Gefällt Ihnen dieser Tisch?« »Ja, danke,« antwortet Martin.
Wir ziehen unsere Jacken aus und der Mitarbeiter bietet sich an, alles
zur Garderobe zu bringen. Ich komme mir fast vor wie in einem First-
class-Restaurant. Welch kleine Gesten machen doch eine wunderbare
Atmosphäre aus. Wir machen es uns gemütlich und schon kommen
die Speisekarten. »Was darf ich Ihnen zu trinken bringen?« fragt der
nette Kellner. Wir wissen alle, was wir wollen und bestellen schnell,
damit wir uns der Karte widmen können. Ein reichhaltiges Angebot
erschwert mir bei meinem großen Hunger die Entscheidung, also frage ich den Kellner, was er mir heute empfehlen kann.
Das Essen kommt schnell und ist ausgezeichnet. Der Kellner hat mir
ein wundervolles Essen empfohlen und der Service, den wir erfahren,
geprägt durch den freundlichen und aufmerksamen Umgang, macht
unser Mittagessen zu einem kleinen Erlebnis und rundet unseren Ausflug zu einem schönen Familientag vollkommen ab. Thorben isst noch
ein großes Eis und wir trinken einen schmackhaften Espresso. Zum
Abschied fragt unser Kellner: »Haben Sie sich bei uns wohlgefühlt?
War alles in Ihrem Sinne?« Mit zufriedenen Gesichtern antworten
wir mit großem Lob. Der Mitarbeiter bringt unsere Garderobe und
begleitet uns zur Tür. Wir sagen »Tschüß«, und er verabschiedet sich
mit den Worten: »Vielen Dank für Ihren Besuch und wir freuen uns,
Sie bald einmal wieder zu sehen. Alles Gute.«
Wir merken uns dieses Restaurant für weitere Ausflüge, nehmen einige der ausgelegten Visitenkarten mit, um es unseren Freunden und
Bekannten weiterzuempfehlen und ihnen auch eine Karte mitgeben
zu können.*

Service-Momente	selbstver- ständlich	so sollte es sein	überra- schend
Freundliche und aufmerksame Begrüßung des Kellners			
Die Gäste werden zur Tür begleitet und sehr freundlich verabschiedet			

Erfolgsfaktoren			
Aufteilung in Raucher- und Nicht-raucherzonen			
Heller und ansprechend gestalteter Gastraum			
Begleitung zum Tisch			
Der Kellner kümmert sich um die Garderobe			
Der Mitarbeiter empfiehlt ein Gericht			
Beim Abschied wird noch einmal gefragt, ob sich die Gäste wohlgefühlt haben und sie zufrieden sind			
Die Gäste werden zur Tür begleitet und sehr freundlich verabschiedet			
Es liegen Visitenkarten zum Mitnehmen bereit			

Abb. 9: Zusammenfassung der Service-Momente und Erfolgs-Faktoren

In diesem Beispiel überwiegen eindeutig die Erfolgsfaktoren. All diese festgelegten Standards sind jedoch nur dann in der Wahrnehmung der Gäste positiv, wenn der Mitarbeiter mit Freude die Gäste zum Tisch begleitet und die Garderobe entgegen nimmt. Sobald sein Gesichtausdruck Unmut vermitteln würde, werden diese Gesten vom Gast eher eine kritische Betrachtung finden.

Diese Geschichte stellt heraus, wie wichtig es ist, dass Erfolgsfaktoren wie diese beispielhaften Standards häufig über die innere Haltung und das damit verbundene positive Verhalten der Mitarbeiter transportiert werden. Lediglich die Raumgestaltung und die am Eingang ausgelegten Visitenkarten des Restaurants werden nicht vom Mitarbeiterverhalten beeinflusst.

Während einer Küchenmontage

Viele Einzelhandelsunternehmen haben heute keine eigenen Küchenmonteure mehr beschäftigt, sondern vergeben die Montage als Auftragsarbeit an Drittfirmen.

Diese Subunternehmer sind häufig selbständig arbeitende Handwerker, beispielsweise ausgebildete Möbeltischler, die im Auftrag der Handelsfirma zum Kunden kommen und vor Ort die Küche anliefern und einbauen. Dies geschieht zumeist in zwei Arbeitsgängen, da Anlieferung und Montage je nach Küchengröße nicht grundsätzlich an einem Tag vollzogen werden können.

Diese Subunternehmer werden zu Imageträgern für die Handelsfirma, da sie einen wichtigen Teil der gesamten Dienstleitung für den Kunden erbringen. Erst wenn die Küche fertig eingebaut, montiert und funktionsfähig ist, ist der Kunde auch zufrieden.

Kurzbeschreibung der Kundin: Hausfrau, 39 Jahre alt, verheiratet 2 kleine Kinder
Anlass für die Anschaffung: Ein neues Eigenheim

Zugegeben, den Termin zur Montage unserer neuen Küche habe ich mir wirklich herbeigesehnt. Schließlich ist unsere neue Küche nun die letzte große Aufgabe, die noch zu bewältigen ist, bevor wir endlich in unser neues Haus einziehen können. Wir sind schon alle etwas ungeduldig, schließlich haben wir lange mit dem Bau zu tun gehabt, und nicht alles ist immer so glatt gegangen. Gestern wurden die Küchenteile bereits angeliefert und heute soll die Küche montiert werden. Pünktlich um acht Uhr kommt das Montageteam. Die zwei Mitarbeiter begrüßen mich freundlich und stellen sich zunächst einmal persönlich bei mir vor. Herr Menske und Herr David arbeiten im Auftrag des Küchenhändlers und kümmern sich um den Einbau. Sie inspizieren zunächst kurz die Räumlichkeiten und besprechen mit mir den groben Aufbau der Küche nach der vorliegenden Skizze.

Mir fällt auf, dass sie sehr saubere weiße Overalls und Namensschilder tragen. Bevor sie anfangen die Teile auszupacken, legen sie den Eingangsbereich und den Flur mit Decken aus, damit nichts schmutzig wird.

Herr Menske ist offensichtlich der Chef und er erklärt mir, dass die Montage der Küche bis ca. achtzehn Uhr dauern wird und ich nicht die ganze Zeit dabei sein muss, falls ich noch etwas zu erledigen hätte, könnte ich das gerne tun. Ich bin froh, die Zeit für einige Erledigungen nutzen zu können und verlasse das Haus. Gegen Mittag komme ich zurück, und die Küche steht schon in groben Zügen. Herr Menske kommt freundlich auf mich zu und macht mich darauf aufmerksam, dass sich ein kleines Problem bei der Montage ergeben hat. Offensichtlich fehlt ein Griff an einem Schrankelement. Er entschuldigt sich für die unvollständige Lieferung und berichtet mir, dass er bereits telefonisch Kontakt mit der Serviceabteilung des Händlers aufgenommen und dafür gesorgt hat, dass das Ersatzteil bestellt und nachgeliefert wird. Er verspricht mir, in vierzehn Tagen persönlich mit dem fehlenden Griff vorbei zu kommen und diesen anzubringen. Es ist zwar schade, dass etwas fehlt, ich bin aber mit der von Herrn Menske angebotenen Lösung zufrieden. Immerhin hat er sich ja gleich selbst um eine schnelle Lösung bemüht.

Die Monteure arbeiten zügig weiter und bereits um sechzehn Uhr dreißig ist alles fertig eingebaut. Herr Menske bittet mich in die Küche. Ich bin begeistert und bestaune unsere neue Küche. Eigentlich ist sie so noch viel schöner, als ich sie im Musterbeispiel in Erinnerung hatte. Herr Menske erklärt mir genau die Elektrogeräte, indem er mit mir kurz die jeweilige Funktionsweise zeigt und gleichzeitig überprüft. Er erklärt mir auch nochmals die Pflegemöglichkeiten der Arbeitsplatte und gibt mir Tipps für den Umgang mit dem Ceranfeld der Kochplatten. Er kennt sich wirklich gut aus.

Nachdem die beiden Monteure sämtliches Verpackungsmaterial weggeräumt haben, reinigen sie die Küche gründlich. Sie wischen alle Schränke mit einem Spezialtuch aus und fegen den Fußboden. Herr Menske bittet mich sogar noch um einen Staubsauger, um den Flur zu säubern, aber ich winke ab. Das sei nun wirklich nicht mehr nötig, schließlich steht uns der Einzug ja noch bevor.

Herr Menske drückt mir noch eine kleine Karte in die Hand und macht mich auf die dort vermerkte telefonische Servicenummer aufmerksam, falls ich später Fragen zu unserer Küche haben sollte. Zusätzlich überreicht er mir seine Visitenkarte.

Ich unterschreibe die Küchenabnahme und erhalte noch ein Spezialpflegemittel für die Arbeitsplatte als kleines Geschenk. Die Herren verabschieden sich mit Glückwünschen zu unserer neuen Küche und Herr Menske versichert mir, dass wir uns ja in vierzehn Tagen schon wiedersehen werden.

Trotz der kleinen Panne mit dem fehlenden Griff bin ich sehr glücklich und zufrieden, dass alles so gut geklappt hat. Man hat nicht oft so zuverlässige, freundliche und schnell arbeitende Handwerker im Haus, wie wir aus unserer Erfahrung durch die Bauzeit wissen.

Als die Monteure davon fahren, fällt mir auf, dass ihr Fahrzeug sehr sauber und gepflegt ist. Ich rufe gleich meinen Mann an, damit er sofort kommt, um unsere neue Küche zu bewundern. Jetzt steht unserem Einzug wirklich nichts mehr im Wege.

Service-Momente	selbstver- ständlich	so sollte es sein	überra- schend
Freundliche Begrüßung			
Erfolgsfaktoren			
Persönliches Vorstellen der Monteure			
Namensschilder			
Freundliche Begrüßung			
Besprechen der einzelnen Arbeits- schritte			

Erfolgsfaktoren			
Saubere Kleidung der Monteure / Sauberes Fahrzeug			
Vorsorge treffen, um nichts schmutzig zu machen			
Sofortige Erledigung der Beanstandung			
Kompetente Erläuterung der Gerätefunktionen			
Zusätzliches Erteilen von Pflegetipps			
Endreinigung der montierten Küche			
Überreichen der Servicenummer (Servicecard) und die Visitenkarte des Monteurs für evtl. Rückfragen			

Abb. 10: Zusammenfassung der Service-Momente und Erfolgsfaktoren

Die Vielzahl der oben aufgeführten Erfolgsfaktoren sind relativ leicht und schnell umzusetzen. Sowohl die Namensschilder der Monteure als auch die saubere Kleidung und das vorzeigbare Auto machen einen ersten guten Eindruck bei den Kunden. Dieser erste Eindruck weckt Vertrauen und findet Bestätigung, indem die Monteure sehr sorgfältig arbeiten und bewusst Schmutz vermeiden und die Küche reinigen. So wird auch im Nachhinein kein Ärger bei den Kunden entstehen können.

Wie schon einleitend zu diesem Beispiel erwähnt, ist die Küchenmontage die Visitenkarte des Einzelhandelsunternehmens. Wenn die Montage wie in diesem Beispiel beschrieben verläuft, kann der Einzelhändler davon ausgehen, dass er von dem Kunden auch weiterempfohlen wird. Auch die Art und Weise der Kundenbetreuung ist positiv. Sowohl die Pflegetipps als auch die umfassende Erläuterung der Geräte und das Überreichen einer Servicecard vermitteln ein Verantwortungsbewusstsein des Monteurs gegenüber seiner Firma und seiner Funktion. So nimmt die Kundin vor allem auch darüber Verbindlichkeit und Engagement wahr. Die Investition, um diese Faktoren umzusetzen sind relativ gering, deren Wirkung ist jedoch recht hoch. Es lohnt sich.

In einer Agentur für Arbeit

Seit der Auflösung des klassischen Arbeitsamtes in seiner gewohn-
ten Struktur im Jahr 2003 und der Umwandlung dieser Institution
in die Agentur für Arbeit, gibt es verschiedene Serviceversprechen
der öffentlichen Hand an ihre Kunden. Nicht allein die neue Na-
mensgebung in Verbindung mit einem neuen Außenauftritt verspricht dem Kunden, künftig schneller und flexibler auf seine An-
träge, Anfragen und Bedürfnisse zu reagieren.
Die Kunden der Arbeitsagenturen sind in den allermeisten Fällen
Menschen, die auf der Suche nach Beschäftigung sind. Es sind also
Menschen, die auf die staatliche Dienstleistung ausdrücklich ange-
wiesen sind. Sie benötigen vor allem Beratung und Hilfestellung bei
der Stellensuche, der eigenen Qualifizierung, der Orientierung auf
dem Arbeitsmarkt sowie der Vorgehensweise in Bezug auf »Hartz
IV«.
In der Vergangenheit konnte die staatliche Dienstleistung nur sehr
unzureichend den Vergleichen mit denen des privatwirtschaft-
lichen Sektors Stand halten. Diese Erkenntnisse hat sich die öffent-
liche Hand vor dem Hintergrund der massiven Kritik an der eigenen Leistung in Verbindung mit der erhöhten Nachfrage nach
staatlicher Unterstützung und auf Grund der aktuellen Marktsi-
tuation teilweise zu Nutze gemacht. Es sind bereits erste konkrete
Verbesserungen in der Beratungsleistung einzelner Agenturen zu
verzeichnen. Hier wurde personell und strukturell angepasst und
teilweise die Qualität der Beratungsleistung im Sinne des Arbeitssuchenden bedarfsorientiert optimiert.

Kurzbeschreibung des Arbeitssuchenden: Männlich, 49
Jahre alt, seit 30 Jahren berufstätig und seit 2 Monaten ohne
Beschäftigung
Anlass für den Besuch der Arbeitsagentur: Einladung zu
einem Vermittlungsgespräch

*Für mich ist es nach wie vor unglaublich unangenehm, die Arbeits-
agentur aufzusuchen. Ich war dreißig Jahre berufstätig und habe meine Arbeit immer sehr gerne gemacht. Vor zwei Jahren habe ich als
Spezialhandwerker im Maschinenbau eine große Herausforderung
angenommen und als Industriemeister den Betrieb gewechselt. Das
neue Angebot war schließlich sehr lukrativ und ich wollte gerne noch
einmal eine persönliche Veränderung vornehmen. Die neue Aufgabe
war spannend, doch ich konnte damals noch nicht ahnen, dass wir in
der neuen Firma nach nur achtzehn Monaten den größten Auftragge-
ber verlieren würden. Sehr schnell kam dann auch der Sozialplan.*

*Da ich trotz guter Qualifikation nur eine geringe Betriebszugehörig-
keit hatte und noch im befristeten Arbeitsverhältnis stand, war ich
mit in der Sozialauswahl und musste gehen. Und das, obwohl ich eine
Familie mit einem Kind zu ernähren habe und seit fast dreißig Jahren
ununterbrochen im Arbeitsverhältnis stehe. Als Industriemeister habe ich gute Zeugnisse vorzuweisen, was mir hoffentlich helfen wird,
schnell wieder Arbeit zu finden.*

*Natürlich stecke ich den Kopf nicht in den Sand, aber auf meine Be-
werbungen habe ich altersbedingt bisher ausschließlich Absagen erhalten. Momentan fühle ich mich sehr mutlos und deprimiert. Mit
sehr gemischten Gefühlen betrete ich das Büro meiner Beraterin in
der Arbeitsagentur. Nachdem ich eingetreten bin kommt Frau Heinze
hinter ihrem Schreibtisch hervor, reicht mir ihre Hand entgegen und
begrüßt mich mit einem freundlichen Lächeln.*

*Sie fragt zunächst, wie es mir geht. Ich beschreibe ihr relativ ehrlich
meinen Zustand und meine Gemütsverfassung. Ich berichte von meinen Erfahrungen mit den aktuellen Bewerbungen und Absagen. Daraufhin signalisiert sie mir ihr Verständnis für meine Situation. Sie
macht mir gleichzeitig auch deutlich, dass sie sich dafür zuständig
fühlt, mir jetzt in meiner Situation konstruktiv zu helfen. Dafür benötigt sie jedoch meine uneingeschränkte persönliche Unterstützung,
damit unsere Zusammenarbeit richtig gut funktioniert.*

*Frau Heinze bittet mich, mein letztes Bewerbungsanschreiben einmal
zu zeigen. Ich habe alles dabei und lege ihr die Kopie meiner letzten
Bewerbung vor. Sie lobt die Ordnung in meinen Unterlagen und liest*

alles sehr aufmerksam durch. Anschließend macht sie den Vorschlag, die Bewerbungen etwas umzustellen und zu optimieren. Beispielsweise ist die Form meines Anschreibens nicht mehr ganz zeitgemäß und sie erklärt mir, dass man heute nicht mehr die Anrede »verehrte Frau, verehrter Herr« benutzt, sondern »sehr geehrte…«. Die Änderungsvorschläge schreibt sie gleich als Randbemerkungen in den Text.

Sie gibt mir weitere konkrete Tipps für mein Bewerbungsanschreiben und bietet mir an, ein Bewebungstraining in der Arbeitsagentur zu besuchen, um dort meine Unterlagen auf den neuesten Stand bringen zu können. Da ich selbst nicht so fit am PC bin, erscheint mir dieses Training als sehr sinnvoll. Auch im Umgang mit dem Internet fühle ich mich noch nicht so sicher und kann bestimmt etwas dazu lernen. Gerne nehme ich das Angebot an und wir vereinbaren einen Termin für die Teilnahme.

Frau Heinze stellt mein Bewerberprofil für mich in die Datenbank der Arbeitsagentur ein. Sie erklärt mir, dass dadurch meine Bewerbung automatisch bei gezielten Anfragen dem potenziellen Arbeitgeber vorliegt, was meine Vermittlungschancen erhöhen könnte. Sie hat auch zwei interessante Stellenangebote für mich aus der Datenbank herausgefiltert. Leider sind diese Offerten nicht in meiner Region, und ich müsste weit fahren oder ich müsste mit meiner Familie sogar umziehen. Wir überlegen gemeinsam, wie hoch die Wahrscheinlichkeit ist, eine Arbeit in der näheren Umgebung zu finden, und ich muss einsehen, dass dies zwar mein größter Wunsch wäre, die Marktlage dies jedoch nicht zwangsläufig hergibt. Ich werde mich also bewerben, auch wenn es weiter weg ist. Ich verspreche, diese Möglichkeit des Umzugs mit meiner Familie zu besprechen.

Frau Heinze empfiehlt mir noch zwei Bücher, eines zum Thema Bewerbungen und ein weiteres mit Erfahrungsberichten von Menschen, *die sich in einer sehr ähnlichen Situation befanden. Ich bin froh und dankbar für jede Anregung und notiere mir die Titel. Abschließend bittet Frau Heinze mich, ihr zu erklären welche nächsten Schritte ich für mich unternehmen werde. Sie notiert sich alles und zeigt mir anschließend die elektronischen Suchmöglichkeiten der Datenbank.*

Ich werde von Frau Heinze noch einmal ausdrücklich ermuntert, alle Möglichkeiten der Jobsuche für mich zu nutzen. Sie unterstreicht nochmals meine persönlichen Fähigkeiten und Qualifikationen und bittet mich, diese bis zum nächsten Termin aufzuschreiben. Sie verabschiedet sich mit den Worten, dass sie fest daran glaubt, mich mit all meinen Qualifikationen innerhalb des nächsten Jahres vermitteln zu können und versichert mir, dass sie alles dazu beitragen werde, mich zu unterstützen und mir zu helfen. Sie überreicht mir ein Kärtchen mit ihrem Namen und ihrer Telefonnummer.

Wir verabreden ein neues Treffen in drei Wochen. Obwohl ich ein unerfreuliches Gespräch erwartet hatte, gehe ich mit einem positiven Eindruck über die Arbeitsagentur nach Hause und freue mich auf das nächste Beratungsgespräch.

Service-Momente	selbstver-ständlich	so sollte es sein	überra-schend
Freundliche Begrüßung des Arbeits-suchenden			
Verständnis zeigen für die persönliche Situation			
Gesprächspartner loben und ermuntern			
Konkrete Hilfe anbieten			
Persönliche und individuelle Beratungs-leistung			
Verbindlichkeit und Klarheit in den nächsten Schritten der Arbeitssuche			
Wertschätzung der Qualifikation und Fähigkeiten			

Erfolgsfaktoren			
Arbeitssuchenden mit in die Verant-wortung ziehen			
Konkrete Hilfe anbieten			
Lösungsvorschläge anbieten			
Angebot eines Bewerbungstrainings			
Verbindlichkeit und Klarheit in den nächsten Schritten der Arbeitssuche			

Abb. 11: Zusammenfassung der Service-Momente und Erfolgsfaktoren

Natürlich ist es noch recht ungewohnt bei der Agentur für Arbeit von Kunden zu sprechen, die auch einen gewissen Service erwarten können. Nur, auch hier gilt, wenn das Angebot erst einmal entsprechend formuliert wurde und der Name von *Amt* in eine *Agentur* verändert wurde, sind mit dieser Veränderung auch entsprechende Erwartungen verknüpft. Mit dem Begriff *Amt* wird Verwaltung assoziiert und mit dem Begriff *Agentur* aktives Handeln und kreative Lösungen.

Um diesen neuen Anforderungen gerecht zu werden, können die Erfolgsfaktoren helfen. Die Vorbereitungen und der Ablauf eines Beratungsgespräches sind planbar. Die Vorgehensweise, den Arbeitssuchenden mit in die Verantwortung zu ziehen und ihm auch konkrete Hilfe anzubieten, kann eine standardisierte Vorgehensweise sein. Dabei spielt natürlich wieder die Art und Weise der Gesprächsführung eine große Rolle.

Um den Mitarbeitern eine gewisse Sicherheit für eine erfolgreiche Arbeit zu vermitteln, sind Checklisten oder Formulare zum gemeinsamen Ausfüllen mit dem Kunden eine gute Unterstützung. Dabei wäre eine Möglichkeit, eine Checkliste »Die ersten Schritte« mit Terminen und Zielen festzuhalten und dem Kunden als Leitfaden auszuhändigen. Mit diesem Leitfaden kann eine optimale Erfolgskontrolle erfolgen und er dient zudem auch als Dokumentation für den Prozess der Unterstützung. Um bei der Agentur für Arbeit auch von Servicequalität sprechen zu können, sollten die oben aufgeführten Service-Momente eingesetzt werden. Das setzt voraus, dass alle Mitarbeiter, die beratend tätig sind, eine dem Kunden zugewandte und hilfsbereite innere Einstellung besitzen.

Im Versandhandel

Der Versandhandel bietet seine Dienstleitungen über telefonische Bestellhotlines, das Internet oder per Faxformular an. Die Branche gilt nach wie vor als speziell kundenorientiert. Der Versandhandel erhält mit großer Regelmäßigkeit sehr gute Noten von den eigenen Kunden. Schnelligkeit in der Lieferung, Flexibilität im Umgang mit Kundenwünschen und die Freundlichkeit in der Bestellabwicklung sind die ausschlaggebenden Servicemomente, die die Kunden positiv wahrnehmen und schätzen.

Kurzbeschreibung der Kundin: Weiblich, 40 Jahre alt, Single, selbständig tätig
Anlass für den Anruf: Telefonische Erstbestellung

Ich bin beruflich viel unterwegs und habe generell wenig Zeit für Einkäufe. Beim Kauf von Kleidung, die ich beruflich trage, achte ich besonders auf Qualität und einen guten Schnitt. Ich trage gerne klassische Anzüge und Kostüme, da ich mich darin immer gut angezogen und wohl fühle. Ich probiere gerne in Ruhe an, lasse mich beraten und muss die Sachen auch sehen und fühlen können. Ich konnte mir nie vorstellen, etwas per Telefon aus einem Katalog zu bestellen. Eine Freundin von mir schwört jedoch auf den Service, der mit einer Katalogbestellung verbunden ist und sie hat mir bei unserem letzten Treffen ein sehr schönes Kostüm aus einem Katalog gezeigt. Das würde laut Abbildung sehr gut zu mir passen.

Nun habe ich etwas Zeit und überlege, ob eine Bestellung im Versandhandel für mich überhaupt das Richtige ist, schließlich bin ich nicht oft zu Hause und weiß daher nicht, ob ich die Ware überhaupt entgegen nehmen kann.

Und was ist, wenn es mir nun doch nicht gefällt, da scheue ich den Aufwand mit einer Rücksendung. Bei all meinen Zweifeln finde ich das Kostüm trotzdem so interessant, dass ich beschließe, eine telefonische Bestellung auszuprobieren.

Ich wähle also die Servicenummer der Bestellannahme und schon nach nur kurzer Zeit, in der ich etwas Musik höre, begrüßt mich eine Mitarbeiterin sehr freundlich und fragt mich nach meinen Wünschen.

»Guten Tag! Ich möchte gerne ein Kostüm bei Ihnen bestellen«,

»Ja gerne, sind Sie so nett und sagen mir Ihre Kundennummer?«

»Ich habe noch keine Kundennummer, ich bestelle jetzt zum ersten Mal bei Ihnen. Meine Freundin ist Kundin bei Ihnen und sie hat mich auf ein schönes Kostüm aufmerksam gemacht.«

»Schön, dass Sie sich für uns entschieden haben, ich erkläre Ihnen gerne, wie Sie grundsätzlich unseren Service nutzen können.«

Die Mitarbeiterin erklärt mir freundlich den Bestellvorgang und die Lieferzeiten. Sie nimmt meine Adresse und meinen Zahlungswunsch entgegen. Danach bittet sie mich um Angabe der Artikelnummer und der gewünschten Größe.

»Frau Sellmann, das Kostüm für Sie ist sofort lieferbar und ist schon nach zwei bis drei Tagen Lieferzeit Ende der Woche bei Ihnen. Unser Auslieferfahrer könnte am Freitagnachmittag bei Ihnen sein. Wäre das für Sie in Ordnung?«

»Ich weiß nicht, ab wann ich am Freitag zu Hause sein werde, ich bin bis Ende der Woche beruflich viel unterwegs.«

»Gäbe es jemanden bei Ihnen im Haus, der das Paket für Sie annehmen könnte? Dann kann ich es gleich bei der Bestellung vermerken?«

»Leider nicht.«

»Frau Sellmann, wir finden eine Lösung, denn unser Auslieferungsfahrer kommt grundsätzlich bis zu dreimal zu Ihnen, um Ihnen die Ware zuzustellen. Sollte es in dieser Zeit nicht klappen, würde die Ware an uns zurückgehen. Alternativ dazu kann ich Ihnen anbieten unseren Lieferpoint zu nutzen. Ich schaue einmal in meinen Computer, wo in Ihrer Nähe sich einer befindet. Ah ja, in Ihrem Ort befindet sich unser Lieferpoint an der Tankstelle.

Wenn Sie es wünschen, können wir das Kostüm dort hinschicken und Sie holen es sich dort ab. Wäre das für Sie in Ordnung?«

»Ja das klingt gut. Die Tankstelle liegt genau auf meinem Weg, das können wir so machen. Ist die Ware dann am Freitagnachmittag da?«

»Ja, das lässt sich einrichten. Ich vermerke jetzt Ihren Lieferwunsch für den Lieferpoint und Ihr Kostüm ist dann am Freitagnachmittag für Sie dort.«

»Das klingt gut, vielen Dank.«

»Frau Sellmann, eine Information habe ich noch für Sie. Wir haben einen interessanten Spezialkatalog mit hochwertiger Bekleidung für Freizeit und Business. Darf ich Ihnen diesen Katalog einmal zusenden?«

»Ja, warum nicht…?«

»Fein, dann schicke ich Ihnen den Katalog gerne zu. Haben Sie noch Fragen an mich oder kann ich sonst noch etwas für Sie tun?

»Nein, vielen Dank.«

»Ich bedanke mich für Ihre Bestellung und wünsche Ihnen schon heute viel Spaß mit Ihrem neuen Kostüm.«

»Ja, danke und tschüß.«

»Tschüß, Frau Sellmann. Rufen Sie uns gerne wieder an, ob Sie Fragen haben oder etwas bestellen möchten. Wir freuen uns auf Sie. Auf Wiederhören.«

Ich bin von dem Telefonkontakt angenehm überrascht und freue mich auf Freitag und bin sehr gespannt auf mein neues Kostüm aus dem Versandhandel.

Service-Momente	selbstver-ständlich	so sollte es sein	überra-schend
Freundliche Begrüßung			
Positive Gesprächsatmosphäre			
Freundliche und verbindliche Verabschiedung			

Erfolgsfaktoren			
Freundliche Begrüßung			
Kompetente Beratung			
Die Kundenansprache mit Namen			
Alternative Lösungsvorschläge zur Lieferung			
Schnelle Annahme des Telefongesprächs			
Zusätzliches Angebot (Spezialkatalog)			
Freundliche und verbindliche Verabschiedung			

Abb. 12: Zusammenfassung der Service-Momente und Erfolgsfaktoren

Um Service am Telefon für den Kunden erlebbar zu machen, ist es besonders wichtig, eine positive Gesprächsatmosphäre zu schaffen. Dazu gehört die echte freundliche Begrüßung. Die Art und Weise der Begrüßung sollte dem Vergleich standhalten, wie ein Gast an der Tür empfangen wird. Schon in den ersten Zehntelsekunden spürt der Kunde, ob er willkommen ist oder nicht.

Bezogen auf diesen Vergleich: geht bei der Begrüßung die Tür auf – der Kunde wird herzlich hereingebeten – oder bleibt die Tür sogar geschlossen?

Oft wird von Unternehmen eine einheitliche Begrüßungsformel ausgegeben, die den Mitarbeitern als zu lang oder zu aufgesetzt erscheint. Aufgrund dieser Bedenken kann die Begrüßung zu einer Floskel verkommen und den Kunden schon in dem ersten Kontaktmoment verschrecken.

Jeder Mitarbeiter sollte die Chance ergreifen, den Kunden im Telefongespräch so zu begrüßen, dass von Beginn an eine positive Ebene für eine Bestellung, eine Anfrage oder sogar eine Beschwerde geschaffen wird. Dieser Anspruch an die Begrüßung ist alles andere als trivial. Sie stellt eine große Herausforderung dar, gerade wenn man bedenkt, wie oft am Tag diese Mitarbeiter dem Kunden die Tür auf eine persönliche und freundliche Art zu öffnen haben.

In einem Telefonat sind unsere fünf Sinne konzentriert auf einen einzigen Sinn: Das Hören. Dadurch bekommt die Stimme eine weitaus größere Bedeutung als in der persönlichen Begegnung. Die Wahrnehmung über Gestik und Mimik, die fünfundfünfzig Prozent ausmachen, verteilen sich am Telefon auf die Tonlage und den Inhalt. So ist besonders darauf zu achten, wie etwas vermittelt wird und welche Worte gewählt werden. Auf Basis dieser Faktoren wird ein Mitarbeiter von den Kunden als freundlich und kompetent wahrgenommen oder auch nicht.

Die freundliche und verbindliche Verabschiedung hat in einem Telefongespräch eine ebenso große Bedeutung wie die Begrüßung. Der erste und letzte Eindruck, den der Kunde erhält, beeinflusst somit stark die Bewertung des gesamten Unternehmens.

In einem Zeitungsverlag

Zeitungsverlage haben in den letzten zehn Jahren den Wandel von klassischen Produktionsbetrieben hin zu modernen Dienstleistungsunternehmen weitgehend vollzogen. Dazu gehören unter anderem die Bereitstellung moderner Kommunikationskanäle für Leser- und Anzeigenkunden über das Internet, die Möglichkeit der digitalen Anlieferung von Anzeigenvorlagen für Kunden sowie eine Fülle von zusätzlichen Serviceangeboten für Abonnenten.
Viele Verlage haben ihre Kundenbetreuung in modernen Call-Center-Betrieben organisiert. Über Leserhotlines können die Kunden beispielsweise ihre Zeitung an den Urlaubsort nachsenden lassen, eine Reklamation für die nicht gelieferte Tageszeitung loswerden, Kleinanzeigen aufgeben oder Konzertkarten bei der Tickethotline bestellen. Kunden schätzen vor allem die freundliche und zeitsparende Erledigung über diese Servicehotlines.

> **Kurzbeschreibung des Abonnenten:** Lehrer, männlich, 45 Jahre alt
> **Anlass für den Anruf im Leserservice:** Reklamation einer fehlenden Tageszeitung

»Auf die ist ja wohl auch gar kein Verlass mehr«, war mein erster Gedanke, als ich morgens vor dem Frühstück in den leeren Briefkasten schaute. Eigentlich hätte dort wie jeden Morgen meine Tageszeitung liegen sollen. Ich war ziemlich irritiert, weil mein Arbeitstag immer mit dem Blick in die Tageszeitung beginnt, und ich somit gut informiert in den Tag starte. Auch für meine tägliche Arbeit mit den Schülern finde ich es sehr wichtig, schon früh morgens Anknüpfungspunkte und aktuellen Gesprächsstoff zu bekommen. Außerdem lasse ich mir lieb gewonnene Rituale nur sehr ungern nehmen. Darüber hinaus ärgert mich eine unzuverlässige Arbeitsweise, so wie heute offensichtlich vom Verlagslieferservice geboten.
Da ich ja nun keine Zeitung von heute habe, suche ich mir aus dem Impressum der gestrigen Zeitung die Telefonnummer für den Leser-

*service heraus und greife zu meinem Telefon. Natürlich bin ich nicht
bester Laune, sondern etwas verstimmt. Zum Glück dauert es nicht
allzu lange bis sich die Mitarbeiterin dort meldet, mich mit einer
durchaus freundlichen Stimme begrüßt und mir einen guten Morgen
wünscht.*

*»Guten Morgen ist vielleicht gut... Sagen Sie mal, gibt es etwa heute
morgen keine Zeitung von Ihnen?«, höre ich mich sagen.*

*»Aber ja, natürlich gibt es unsere Zeitung heute. Das klingt ja ganz so,
als hätten Sie heute keine bekommen?«*

*»Ja, genau deshalb rufe ich Sie an. In meinem Briefkasten war heute
Morgen um halb sieben nur gähnende Leere.«*

*»Oh, das klingt nicht gut. Es tut mir
leid, wenn da etwas mit der Lieferung
nicht geklappt hat. Ich schaue mir das
sofort einmal in meinem Computer
an. Sind Sie so nett und wiederholen
für mich noch einmal Ihren Namen
und die Strasse in der Sie wohnen?«*

»Lorenz, Seidenweg elf.«

*»Herr Lorenz, ich rufe mir eben die
Daten auf. Ich sehe hier gerade eine
Mitteilung von unserem Zustellservice.
Der Zeitungsbote ist heute Morgen er-
krankt. Ein Kollege ist für ihn eingesprungen und wird die Zeitungen
nachliefern. Die Zeitung ist voraussichtlich bis neun Uhr bei Ihnen.
Sie erhalten Ihre Zeitung auf jeden Fall noch heute Morgen.«*

*»Aber dann brauche ich die Zeitung eigentlich auch nicht mehr. Ich
verlasse ja jetzt gleich das Haus und bin erst wieder am Nachmittag
zurück. Neun Uhr ist nun wirklich zu spät.«*

*»Nun, ich kann Ihren Ärger sehr gut verstehen. Die Zustellung Ihrer
Zeitung kann ich jetzt wahrscheinlich nicht mehr stoppen. Der Kollege
ist schon auf dem Weg zu Ihnen. Was kann ich jetzt genau für Sie tun?«*

*»Nein, Sie müssen auch nicht die Zustellung stoppen. Für heute ist
das auch so in Ordnung. Krank werden kann ja jeder einmal. Nur
möchte ich, dass Sie sicherstellen, dass meine Zeitung morgen früh*

um die gewohnte Zeit wieder im Briefkasten ist und heute kann ich dann meine Zeitung ausnahmsweise auch abends noch lesen.«
»Eine Idee habe ich noch, Herr Lorenz: Wenn Sie möchten, dann können Sie sich die heutige Zeitung im Einzelhandel kaufen und ich schreibe Ihnen den Betrag auf Ihrem Kundenkonto gut. Was meinen Sie?«
»Nein danke, das ist wirklich nett gemeint, aber das brauchen Sie nicht. Ich schaffe das nicht noch zum Kiosk und ich bekomme ja meine Zeitung heute noch. Vielen Dank für das Angebot.«
»Gerne, ich möchte doch, dass Sie grundsätzlich mit uns zufrieden sind. Wir sind jeden Tag von sechs Uhr morgens bis neunzehn Uhr und am Samstag bis zwölf Uhr für Sie telefonisch erreichbar. Wenn nun doch noch einmal etwas sein sollte, rufen Sie uns gerne gleich wieder an, damit wir uns schnell darum kümmern können.«
»Ja, das ist in Ordnung, ich danke Ihnen. Tschüß.«
»Vielen Dank für Ihren Anruf. Tschüß, Herr Lorenz.«
Ich war nun doch beruhigt, dass alles in Ordnung ist. Krank werden kann ja wirklich jeder und ich finde es gut, dass der Leserservice in diesem Fall schon eine Lösung gefunden hat.

Service-Momente	selbstverständlich	so sollte es sein	überraschend
Freundliche Begrüßung			
Verständnis für den Ärger vermitteln			
Freundliche und verbindliche Verabschiedung			
Erfolgsfaktoren			
Schnelle Annahme des Telefongespräches			
Freundliche Begrüßung			
Entschuldigung für die Lieferpanne			
Alternativer Lösungsvorschlag für den Kunden			
Benennung der Servicezeiten im Telefon			
Freundliche und verbindliche Verabschiedung			

Abb. 13: Zusammenfassung der Service-Momente und Erfolgsfaktoren

Die schnelle Annahme eines Telefonats ist ein eindeutiger Erfolgsfaktor, um den Kunden zu vermitteln, dass Service in einem Unternehmen eine wesentliche Rolle spielt. Ob durch eine Telefonanlage und eine optimale Kapazitätsplanung des Personals oder durch die Vereinbarung, spätestens nach dem zweiten oder dritten Klingelzeichen das Telefonat anzunehmen, sind Faktoren, die nicht zufällig sein sollten, sondern einer serviceorientierten Organisation zu Grunde liegen.

Angereichert durch Sprachempfehlungen, wie zum Beispiel im Falle einer Lieferpanne grundsätzlich eine Entschuldigung auszusprechen und Alternativen anzubieten sind weitere Faktoren, die dem Kunden vermitteln, dass er wichtig für das Unternehmen ist. In jedem Kundenkontakt sollte das Ziel verfolgt werden, den Kunden grundsätzlich zufrieden stellen zu wollen. Auch und gerade im Falle einer Beschwerde.

In einer Autowerkstatt

Auch die Wettbewerbssituation für Kraftfahrzeugwerkstätten hat sich im Markt zunehmend verdichtet. Im Wettbewerb stehen hier die Werkstätten der Markenhändler gegenüber den freien Werkstattbetrieben. Diese können zwar teilweise eine andere Preispolitik betreiben, dürfen allerdings nicht alle Leistungen der Händlerwerkstätten übernehmen, wie zum Beispiel keine Untersuchungen aus Garantieleistungen der Händler oder Scheckheftpflege.

Auf Grund der ersten Grundabsicherung über die Arbeitsagentur und geringerer Personalkosten ist es eher möglich, ein anderes Preis-Leistungsverhältnis anzubieten. Allerdings haben diese Kraftfahrzeugmechaniker nicht alle einen Meisterbrief.

Viele traditionelle Werkstattbetriebe haben die Zufriedenheit ihrer Kunden bereits in den Vordergrund ihrer Handlungen gestellt. Grund für einen Werkstattbesuch ist in den meisten Fällen ein Defekt am Fahrzeug und somit eine grundsätzliche Verärgerung des Fahrzeughalters. Autoreparaturen sind in der Regel zeit- und kostenintensiv. Stimmt dann etwa der Umgangston nicht, oder werden Bedürfnisse des Kunden seitens der Werkstattbetreiber nicht richtig erkannt, ist die kundenseitige Verärgerung oft groß.

Serviceleistungen und die schnelle, zuvorkommende und umfassende Befriedigung von Kundenwünschen ist somit eine große Chance zur Kundenzufriedenheit und zur Kundenbindung.

Kurzbeschreibung der Werkstattkundin: Studentin, weiblich, 22 Jahre alt
Anlass für den Werkstattbesuch: Defekt am Fahrzeug

Seit einem Jahr studiere ich und wohne nun nicht mehr in der Nähe meiner Eltern. Am Wochenende besuche ich sie jedoch noch recht häufig, weil ich mich in der neuen Stadt noch nicht so ganz heimisch fühle. Da die Universität gut zweihundert Kilometer von meinem El-

ternhaus entfernt liegt, benötige ich also auch ein Auto. Meinen Klein-
wagen habe ich aber auch vor allem, damit ich flexibel in meinem Job sein
kann. Meine Eltern unterstützen mich zwar, aber ich muss auch etwas
dazu verdienen. So arbeite ich aushilfsweise in der Gastronomie und
saisonal für eine Promotion-Agentur. Dafür muss ich auch mobil sein.
Als ich gerade von einem Wochenendbesuch am Sonntagabend zu-
rückfuhr, hörte ich das ungewohnt laute, röhrende Geräusch im Auto.
Ich dachte noch: »Oh bitte, nur das nicht jetzt…«, konnte aber noch
bis nach Hause fahren. Am nächsten Morgen auf dem Weg zur Uni
war das Geräusch noch wesentlich lauter und meine innere Stimme
sagte: »… sieh zu, dass du in die nächste Werkstatt kommst, damit
das Auto nachgesehen wird…«.
Ich selbst kenne mich überhaupt nicht mit der Kraftfahrzeugtech-
nik aus und bin auch recht unsicher bei den Besuchen von Auto-
werkstätten. Ich denke oft, mir steht schon auf dem Gesicht geschrieben, dass ich keine Ahnung habe. Zugegebenermaßen habe ich wenig
Vertrauen in Werkstätten, da ich soviel Negatives von meinen Eltern
und Freunden gehört habe.
Auf meinem Weg zur Universität liegt eine freie Kraftfahrzeugwerk-
statt und ich entscheide mich nun, schnell dort anzuhalten und mein
Problem zu schildern. Ich parke auf dem Hof, blicke mich etwas unsicher um und gehe ins Büro. Da sitzt ein gepflegt aussehender Herr
mittleren Alters an seinem Computer.
Er blickt auf, begrüßt mich freundlich mit einem Lächeln und fragt,
was er für mich tun kann. Ich schildere ihm das Problem und zeige
durch das Fenster auf mein Auto.
»Das sehe ich mir gleich einmal an. Ich frage schnell einmal in der
Werkstatt nach, wann wir Ihren Wagen ansehen können. Möchten
Sie bitte kurz Platz nehmen.«
»Ja, danke«.
Kurze Zeit später erscheint ein jüngerer Monteur im Büro und begrüßt mich freundlich. Er bittet mich um die Wagenschlüssel und
fährt das Auto auf die Hebebühne. Ich habe ihn begleitet und nun
schauen wir gemeinsam unter das Fahrzeug.

»So, da haben wir es ja schon«, sagt er, »sehen Sie hier, der Auspuff hängt nur noch am seidenen Faden. Ich habe Zeit, das gleich zu reparieren, wenn Sie möchten.«

»Ja, was meinen Sie, wie lange kann das dauern? Denn ich müsste jetzt eigentlich zur Uni. Und bitte sagen Sie mir auch vorher, wie teuer die Reparatur wird.«

»Also, mein Vorschlag ist, dass ich den Wagen jetzt hier behalte, denn weiterfahren können Sie mit dem Auto nicht mehr. Der Auspuff würde abfallen und es passiert womöglich noch ein Unfall.«

Der Monteur zeigt mit dem Schraubenzieher genau auf die Stelle, wo der Auspuff lose hängt und erklärt mir dann weiter: »Hier sehen Sie die weiteren Roststellen. Ich denke, der wird so nicht lange halten. Wenn ich Ihnen den Auspuff jetzt schweiße, haben Sie schätzungsweise ein halbes Jahr Ruhe. Dann ist aber wohl oder übel doch ein neuer Auspuff fällig.« Er schaut mich verständnisvoll an und nennt mir auch den Preis für die Reparatur. Ich denke kurz nach und antworte:»Gut, aber Sie meinen, dass ich erst einmal wieder damit fahren kann?«

»Ja klar, wie ich gesagt habe, für ungefähr ein halbes Jahr. Ich mache Ihnen den Auspuff jetzt wieder so fest, damit er erst einmal hält. Ich wollte Sie nur gleich darauf aufmerksam machen, dass demnächst der Auspuff ausgewechselt werden muss.«

»Ja, das kann ich sehen. Können Sie denn jetzt gleich schweißen?«

»Ja, und ich werde so eine halbe Stunde dafür benötigen. Wenn Sie wollen, kann Sie auch jemand von uns schnell zur Uni hochfahren und dann kommen Sie später wieder. Unser Auslieferungsfahrer muss sowieso Ersatzteile holen, dann nimmt er Sie eben gleich mit.«

»Gerne, das wäre ja wirklich super, dann schaffe ich auch noch die nächste Vorlesung.«

»Gut. Ich notiere mir jetzt noch Ihren Namen und die Telefonnummer. Ihr Wagen ist dann ab zwölf Uhr wieder für Sie fahrbereit.«

»Ja, das ist in Ordnung. Und Ihr Kollege nimmt mich dann jetzt mit?«

»Ja, wenn Sie kurz warten, sage ich ihm gleich Bescheid, dass es losgehen kann.«

»Vielen Dank.«

Ein anderer freundlicher Kollege aus der Werkstatt bringt mich direkt zur Universität. Nach einer guten Stunde ruft der Monteur aus der Werkstatt auf meinem Handy an:

»Hallo Frau Hartmann. Der Auspuff ist jetzt in Ordnung. Ihr Wagen ist fertig.«

»Oh, da fällt mir ja ein Stein vom Herzen.«

»Wissen Sie zufällig, wann Sie das letzte Mal einen Ölwechsel gemacht haben?«

»Oh je, das ist schon ziemlich lange her, ehrlich gesagt, weiß ich es gar nicht mehr so genau.«

»Ich habe routinemäßig einmal das Öl für Sie überprüft und möchte Ihnen den Tipp geben, nicht mehr so sehr lange mit einem Ölwechsel zu warten, denn dem Auto fehlen knapp zwei Liter Öl.«

»Oh vielen Dank für den Hinweis. Das hört sich wirklich dringend an. Könnten Sie das bitte noch erledigen?«

»Ja, das mache ich gerne für Sie.«

»Sehr gut. Erledigt ist erledigt. Ich habe mich wirklich länger nicht darum gekümmert.«

»In Ordnung. Ich mache jetzt noch den Ölwechsel und dann bis nachher.«

»Ja, bis nachher«.

Nun bin ich sehr froh, dass mein Wagen dort in guten Händen ist. Den Ölwechsel hätte ich bestimmt noch längere Zeit vergessen und ich bin dankbar, dass der Monteur dies kontrolliert hat. Wer weiß, was dann noch mit meinem Auto passiert wäre, wenn ich noch länger so herumgefahren wäre. Schließlich ist mein Wagen ja nicht mehr das jüngste Modell.

Service-Momente	selbstver-ständlich	so sollte es sein	überra-schend
Freundliche Begrüßung der Kundin			
Angebot, die Kundin zur Universität zu fahren			
Erfolgsfaktoren			
Freundliche Begrüßung der Kundin			
Schnelle Prüfung des Sachverhaltes			
Schnelle Abwicklung und Problem-lösung			
Angebot, die Kundin zur Universität zu fahren			
Zusätzliche Kontrolle des Motoröls			
Anruf mit Hinweis auf das zu alte Motoröl			
Klarheit in der Diagnose und der Preis-gestaltung			

Abb. 14: Zusammenfassung der Service-Momente und Erfolgsfaktoren

In der Einteilung der Kriterien in die Service-Momente und Erfolgsfaktoren weisen einige Situationen Doppelungen auf. In dieser Geschichte ist das Angebot seitens des Monteurs, die Kundin zur Universität zu fahren sowohl als Service-Moment als auch als Erfolgsfaktor aufzufassen. Von der Werkstatt kann es ein definierter Service sein, grundsätzlich ein Ersatzfahrzeug zu stellen oder die Kunden zu fahren.

In dieser Geschichte ist die Kundin überrascht und hat mit diesem Service nicht gerechnet. Ihre Erwartungshaltung wurde durch diesen Extra-Service somit übertroffen. Wenn die Studentin das zweite Mal diese Werkstatt aufsucht, wird sie sich mit Sicherheit an diesen Service erinnern. Es ist wie mit allen Extras – sie bleiben positiv im Gedächtnis. Es ist schwer abzuschätzen, ob der Kunde diesen Service nun bei dem nächsten Kontakt erwartet oder nicht.

Um einer übersteigerten Erwartungshaltung seitens der Kunden vorzubeugen, kann die Art der Kommunikation helfen. Es ist sehr darauf zu achten, wie ein Extra dem Kunden vermittelt wird. Ein Extra sollte immer auch als solches hervorgehoben werden, damit es nicht doch zu einer Selbstverständlichkeit wird.

In einem Fachgeschäft für Sportbekleidung und Freizeitmoden

Sportfachgeschäfte behaupten sich generell durch ihre Spezialsortimente und diverse zielgruppenspezifische Angebote am Markt. Ein ungebrochener Fitness -und Wellnesstrend sichert eine stetige Nachfrage. Ob Climbing, Mountainbiking, Aquafitness oder Nordic-Walking, es gibt immer wieder neue Sport- und Freizeittrends, die auch modisch begleitet und ausgestattet werden wollen.

Allerdings hat auch diese Branche mit der Konkurrenz von Billiganbietern sowie der Schnelllebigkeit mancher Trends im Sport- und Freizeitmodensektor zu kämpfen. Außerdem gibt es tendenzielle Verunsicherungstendenzen bei den Verbrauchern, da die neuesten wissenschaftlichen Erkenntnisse aus der Sportmedizin und Forschung zu sehr unterschiedlichen Ergebnissen gelangen und sich teilweise gegenseitig in kurzen Zeitabständen revidieren.

Ein Beispiel dafür ist die Frage, ob walken nun tatsächlich effektiver als joggen ist. Ein weiteres Beispiel ist die Verunsicherung darüber, ob zum Joggen und Walken wirklich zwei unterschiedliche Paar Schuhe benötigt werden. Diese Fragestellungen belegen die wachsenden Ansprüche und Erwartungen der Kunden nach einer kompetenten und qualifizierten Beratung an den Fachhandel.

Der Fachhandel hat das erkannt und spezialisiert sich auf die Ausstattung von bestimmten sportlichen Aktivitäten. So gibt es beispielsweise schon Spezialshops ausschließlich für Jogging und Walking oder für Climbing, Trecking und Wandern. Andere Geschäfte bieten Sortimente für Segler und Surfer oder Pferd und Reiter an. Über die Spezialisierung kann der Fachhandel seine Kompetenz konzentrieren und zielgruppenorientiert werben und beraten.

Wichtig für den Kunden ist, neben dem Angebot der gängigsten Markenartikel, möglichst viele Insider-Tipps und Informationen zu erhalten. Hinzu kommt der Wunsch des Kunden, in seiner sportlichen Aktivität bestätigt und gefördert zu werden. Dies erhält er vor allem durch zusätzliche Informationen über Freizeitangebote, Kursangebote, Insidertreffs und das Angebot von Fachliteratur oder Vortragsveranstaltungen. Darüber hinaus gibt es in den Fachgeschäften häufig an den Verkaufsumsatz gebundene Rabattstaffeln zur Kundenbindung.

Kurzbeschreibung des Kunden: Kaufmännischer Angestellter, männlich, 38 Jahre, geschieden, leicht übergewichtig
Anlass für den Besuch: Kauf von Joggingschuhen

Große Lust habe ich eigentlich wirklich nicht, mit meinem Bewegungsprogramm zu starten. Aber die Worte meines Arztes klingen mir noch in den Ohren. Bewegung, Bewegung, Bewegung! Das soll nun also gegen meine gelegentlichen Anflüge von depressiver Verstimmung helfen und vor allem gegen meinen Kummerspeck. Zusätzlich soll ich auch noch einen Ausgleich zu meiner sitzenden Tätigkeit schaffen. Gut, ich habe wirklich etwas zu viel auf den Rippen und ich habe mich bisher auch wirklich nicht viel bewegt.
Eine Wette unter Arbeitskollegen hat mir dann den ersten Ansporn gegeben, mit meinem Laufprogramm auch tatsächlich zu starten. Nun benötige ich nur noch die passenden Schuhe.
Aus einem Werbeprospekt in der Zeitung hatte ich schon ein paar preislich attraktive Schuhe gefunden. Ich betrete das Geschäft und gehe direkt auf die Verkäuferin zu, die mich freundlich begrüßt.
»Schauen Sie mal hier, diese Schuhe aus Ihrem Prospekt möchte ich gerne haben. Sind die in meiner Größe da? Ich habe dreiundvierzig oder vierundvierzig – je nachdem.«
»Ja, die stehen gleich hier drüben. Wenn Sie mich bitte begleiten wollen, dann schauen wir Sie uns gleich einmal an. Sie suchen also einen Laufschuh. Joggen Sie regelmäßig?«
»Na ja, ich möchte zumindest erst einmal damit anfangen. Mein Arzt hat mir dazu geraten und er sagte mir auch, dass ich vernünftige Schuhe bräuchte. Ein Vermögen wollte ich dafür aber erst einmal nicht ausgeben.«
»Ihr Arzt hat da vollkommen Recht. Der Schuh gibt den Halt für Ihren Fuß und das ist wirklich sehr wichtig beim Laufen. Sie haben sich schon einen ganz guten Schuh ausgesucht. Ich würde Ihnen gerne

noch einen weiteren Schuh empfehlen. Einen, der besonders für An-
fänger und etwas schwerere Läufer besonders gut geeignet ist, da er
eine extrem hochwertige Federung hat und das Preis-Leistungsver-
hältnis absolut stimmt.«

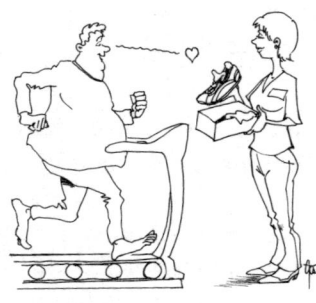

»Aha, Sie meinen also mein Körperge-
wicht…«, erwidere ich lachend.
»Ja, genau. Entschuldigen Sie, wenn
ich das gleich so offen anspreche. Aber
ich möchte Sie da gerne gleich richtig
beraten. Es ist wirklich erwiesen, dass
ein Läufer mit einem leichten Kör-
pergewicht einen ganz andern Schuh
benötigt, als jemand, der ein höheres
Gewicht beim Laufen voranbringen
muss. Hier ist vor allem auf Gelenk
schonende Abfederung durch den Schuh zu achten. «
»Ist schon in Ordnung, das leuchtet mir ja auch ein.«
»Sehen Sie mal diesen Schuh hier, der ist extra für etwas schwerere
Läufer entwickelt worden und hat zudem noch sehr gute Testergeb-
nisse. Den kann ich Ihnen sehr empfehlen. Dieser Schuh ist im Fuß-
bett bequem und das Laufen geht dann fast von selbst! Möchten Sie
den einmal anprobieren? Wenn Sie wollen, testen Sie den Schuh doch
gerne gleich hier drüben auf unserem Laufband.«
Ich probiere den Schuh an. Der sitzt wirklich gut und sieht auch noch
ganz gut aus.
»Möchten Sie zum Vergleich noch einmal den anderen Schuh anpro-
bieren?« fragt die Verkäuferin.
»Ja, gerne.« Immerhin hatte ich mir den ja ursprünglich ausgesucht.
Ich ziehe den Schuh zum Vergleich an. Der sitzt auch ganz gut, federt
aber nicht so elastisch beim Auftreten. Kurz und gut, ich entscheide
mich, mir etwas Gutes zu gönnen und kaufe den Schuh, den die Ver-
käuferin mir empfohlen hat.
Wir gehen zur Kasse und ich übergebe der Verkäuferin meine Kre-
ditkarte. Sie hält die Karte in der Hand und spricht mich an: »Herr

Hinrichs, Sie sagten mir vorhin, dass Sie zum ersten Mal laufen wollen. Dann haben Sie also noch keine weiteren Erfahrungen mit dem Lauftraining. Wissen Sie, wie man da als Anfänger einsteigt, um Verletzungen zu vermeiden?«

»Ja, ein wenig schlau gemacht habe ich mich schon. Die Erfahrungsberichte von meinen Freunden und was ich so gelesen habe. Ich will versuchen, mit einem Intervalltraining anzufangen. Ich habe bestimmt überhaupt gar keine Kondition.«

»Ja genau, ich merke, Sie haben sich gut vorbereitet. Das ist auch meine Empfehlung. Der Start mit dem Intervalltraining ist genau richtig Damit ich Sie noch ein wenig unterstützen kann, schenke ich Ihnen eine kleine Broschüre mit Lauftipps für Anfänger.« Sie überreicht mir lächelnd die Broschüre.

»Vielen Dank«, sage ich und bin etwas überrascht.

»Und dann möchte ich Ihnen noch einen ganz persönlichen Tipp geben, Herr Hinrichs. Messen Sie anfänglich beim Laufen Ihre Pulsfrequenz, damit sie sich nicht unnötig verausgaben. So habe ich mein Lauftraining auch begonnen. Haben Sie schon einmal etwas von einem Frequenzmesser gehört?«

»Ja, mein Kollege hat mir das schon einmal erklärt. Ich habe aber noch keinen.« »Wenn Sie möchten, kann ich Ihnen gerne eine Uhr für das Handgelenk zeigen. Sehr praktisch und leicht zu handhaben. Haben Sie Interesse?«

»Ja«, erwartungsvoll blicke ich die Verkäuferin an.

»Wir haben gerade diese Uhren zu einem absoluten Sonderpreis. Sie liegen gleich hier. Schauen Sie, die Anleitung ist auch gleich dabei und es ist ein Modell, das absolut leicht zu handhaben ist.«

»Wenn schon – denn schon, dann nehme ich die jetzt auch gleich noch mit.«

»Ich denke, Sie sind jetzt gut gerüstet für den Anfang und ich wünsche Ihnen viel Spaß damit.« Die Verkäuferin lächelt und überreicht mir meine Einkäufe.

»Also, wenn mir noch etwas einfällt, komme ich ganz bestimmt wieder zu Ihnen«, sage ich.

»Das würde mich wirklich sehr freuen. Wir sind übrigens auch samstags immer bis achtzehn Uhr hier im Geschäft. Wenn Sie also Fragen haben, dann kommen Sie gerne zu uns. Wir haben hier so einige Laufexperten im Team. Ich selbst jogge jetzt auch schon seit über zwei Jahren. Also viel Spaß und Erfolg und bis zum nächsten Mal. Auf Wiedersehen, Herr Hinrichs.«
»Vielen Dank für die tolle Beratung. Auf Wiedersehen.«
Ich verlasse das Geschäft, fühle mich sehr gut beraten und freue mich auf den Start in mein neues, sportliches Leben.

Service-Momente	selbstver-ständlich	so sollte es sein	überra-schend
Freundliche Begrüßung			
Zielorientierte Bedarfsanalyse			
Sehr freundliche und persönliche Verabschiedung			
Erfolgsfaktoren			
Freundliche Begrüßung			
Zielorientierte Bedarfsanalyse			
Kompetente Beratung			
Angebot von zusätzlichen, wichtigen Informationen			
Angebot, die Schuhe auf dem Laufband zu testen			
Geschenk einer Informationsbroschüre			
Ergänzendes Angebot			
Kunden mit Namen angesprochen			
Sehr freundliche und persönliche Verabschiedung			

Abb. 15: Zusammenfassung der Service-Momente und Erfolgsfaktoren

Die zielorientierte Bedarfsanalyse ist sowohl ein Service-Moment als auch ein Erfolgsfaktor. Der Erfolg ist hier insofern geplant, als

dass es eine Vereinbarung oder ein Standard sein kann, grundsätzlich die Wünsche und Erwartungen der Kunden zu erfragen. Zu
dieser zielorientierten Bedarfsanalyse gehört vor allem auch das
Zuhören.

Erst wenn der Mitarbeiter verstanden hat, worum es dem Kunden
geht, kann auf das genannte Ziel eine entsprechende Beratung erfolgen. Diese Phase des Kundenkontaktes ist besonders wichtig, da
durch ungenaues Zuhören Missverständnisse entstehen können.
Der Kunde möchte sich grundsätzlich verstanden fühlen. Und genau hier setzt der Service-Moment ein. Fragen zu stellen kann ein
Standard sein, doch welche Frage ist die zielführende, um den Kunden zu verstehen?

Dies ist wiederum abhängig von dem Mitarbeiter und inwieweit
er das Gesagte des Kunden versteht und in sein Wissen mit einbe-
ziehen kann. Der Kommunikationspsychologe PAUL WATZLAWICK
prägte den Satz: »Ich weiß erst, was ich gesagt habe, wenn ich die
Reaktion meines Gegenübers kenne.« Und in diesem Sinne kann
eine zielorientierte Bedarfsanalyse auch bedeuten, gemeinsam mit
dem Kunden zu erforschen, was er überhaupt wünscht und erwartet. Nicht jeder Kunde hat ein klares Ziel und kann es auch entsprechend formulieren.

Die kompetente Beratung ist insofern ausschließlich ein Erfolgsfaktor, da im allgemeinen Verständnis mit dem Wort Kompetenz
das ausgeprägt hohe, fachliche Wissen eines Menschen beschrieben wird. Dieses kann sich der Mitarbeiter mit der entsprechenden
Unterstützung aneignen. In der Bewertung der Kompetenz eines
Menschen spielen auch das Erscheinungsbild, das Auftreten sowie
die Stimme weitere und nicht zu unterschätzende Rollen.

Die Betrachtung der Erfolgsfaktoren und Service-Momente

Die Beispiele zeigen, dass Service vor allem über die Form der Begegnung wahrgenommen wird. Besonders wichtig ist die Einschätzung der Kunden, ob das ihm entgegengebrachte freundliche Verhalten auch ehrlich und echt ist. Mit der sogenannten aufgesetzten Freundlichkeit möchte keiner wirklich konfrontiert werden. Und das ist sicher eine Mentalitätsfrage. In anderen Ländern ist oft in erster Linie das Lächeln an sich wichtig – egal, ob es echt ist oder nicht.

Eine Untersuchung ergab, dass das echte Lächeln von allen Menschen, welcher Nationalität auch immer, unmissverständlich erkannt wird, so berichtet der Biophysiker STEFAN KLEIN in seinem Buch »Die Glücksformel« (Reinbek, 2003). Diese Erkenntnis ist ein Beispiel dafür, dass die nonverbale Kommunikation zwischen den Menschen nicht zu unterschätzen ist.

Auch der Kunde merkt innerhalb kürzester Zeit, ob seinem Gesprächspartner die Augen vor Freude buchstäblich glänzen oder ob ihm ein antrainiertes Lächeln entgegen gebracht wird. Zu Beginn einer jeden Begegnung und eines jeden Gespräches wird zunächst die Glaubhaftigkeit des Gegenübers innerhalb von ungefähr einer Sekunde eingeschätzt. Diese Analyse geschieht unbewusst und über den Gesichtsausdruck, wobei besonders die Augen und die Mundstellung bewertet werden. Weitere Stationen der Bewertung sind der Tonfall und die Körperhaltung, sogar der Körpergeruch spielt eine Rolle, um eine Entscheidung über die Glaubhaftigkeit des Gegenübers zu fällen.

Der englische Forscher und Sozialpsychologe MICHAEL ARGYLE unterstützt diese Tatsache durch die Ergebnisse seiner Untersuchungen. Er fand heraus, dass fünfundfünfzig Prozent über die Gestik und Mimik des Gegenübers wahrgenommen wird, achtunddreißig Prozent über den Tonfall und lediglich zu sieben Prozent auf den Inhalt, die eigentliche Sache, geachtet wird. So erklärt sich auch, warum es die Sprichwörter gibt »Kleider machen Leute« oder »Der Ton macht die Musik«.

Über das Gesicht und die Mimik drückt der Mensch seine Emotionen wie Angst, Glück, Trauer, Überraschung, Ekel oder Freude aus, und es ist sehr schwer, diese Emotionen zu verbergen. So lange die innere Haltung von Traurigkeit geprägt ist, kann sich kaum eine Emotion wie Freude in dem Gesicht wiederspiegeln. Es wird jedoch in der Dienstleistungsbranche von jedem Mitarbeiter erwartet, dass er seinen Kunden gegenüber grundsätzlich freundlich zu sein hat. Er hat seinen Auftrag zu erfüllen und den Kunden mit entsprechender Freundlichkeit und einer zuvorkommenden Haltung und Mimik zu begegnen.

Wenn ein Mitarbeiter im Service diese Aufgabe beherrscht und seine inneren Gefühle mit seinem beruflichen Auftrag in Einklang bringen kann, wird er oft von Kunden und Kollegen als professionell wahrgenommen. Diese Professionalität ist eine große Herausforderung und kann nur durch die stetige Selbstreflexion, die Auseinandersetzung der inneren Haltung mit dem beruflichen Auftrag, erfüllt werden.

Die Voraussetzung für diese serviceorientierte Haltung ist eine entsprechende Einstellung des Menschen zu sich selbst. Die echte Freundlichkeit entsteht ausschließlich durch die innere Einstellung und lässt sich kaum von außen aufsetzen. Dazu äußert sich MINORU TOMINAGA, dass ein Unternehmen, das seinen Mitarbeitern kundenfreundliches Verhalten und serviceorientiertes Denken antrainieren muss, eigentlich schon verloren hat. Der Japaner ist Unternehmensberater, Trainer und Autor. Er gilt seit Jahren als Experte auf dem Gebiet der kontinuierlichen Verbesserung, des KaiZen (Japanisch: Kai = Veränderung, Wandel; Zen = zum Besseren; Kaizen = kontinuierliche Verbesserung).

Diesem Prinzip liegt die Annahme zu Grunde, dass jedes System ab dem Zeitpunkt seiner Einrichtung dem Zerfall preisgegeben ist, wenn es nicht ständig erneuert bzw. verbessert wird.

Sein Rezept, den Kunden freundlich zu begegnen lautet »Lächle mehr als andere«. Für TOMINAGA steht der selbstverständliche, freundliche Kontakt zum Mitmenschen, eine unaufdringliche Hilfsbereitschaft, fröhliches Aufeinanderzugehen und Toleranz gegenüber dem Andersdenkenden im Mittelpunkt der Begegnung von Mensch zu Mensch oder, was letztlich gleichbedeutend ist, von Mitarbeiter zu Kunde.

Das echte Lächeln und der Augenkontakt sind eindeutige Signale für Aufmerksamkeit, Freundlichkeit und Interesse. Fehlt der Blickkontakt, deutet dieses womöglich auf Desinteresse und Gleichgültigkeit hin. Die Interpretationsmöglichkeit, dass der Mensch vielleicht scheu oder ängstlich ist, wird als Kunde in einem Moment der zu erwartendenden Dienstleistung eher selten als schüchterne Zurückhaltung wahrgenommen. Ein zu intensiver Blickkontakt wirkt hingegen eher aufdringlich oder sogar aggressiv.

Die Beispiele aus den unterschiedlichen Branchen haben teilweise identische Service-Momente, wie die freundliche Begrüßung oder die persönliche Verabschiedung. Das unterstreicht noch einmal die Bedeutung der Begegnung von Mensch zu Mensch und ist somit branchenübergreifend als ein Erfolgsindikator für Servicequalität zu verstehen. Die Service-Momente, die als Grundlage von Servicequalität und der Vermittlung einer Servicephilosophie verstanden werden können, sind:

- Die echte freundliche Begrüßung
- Eine positive und verständliche Sprache
- Das echte Interesse am Kunden
- Zuvorkommende und hilfsbereite Gesten
- Den Kunden als Partner betrachten
- Genaues Zuhören und eine bedarfsorientierte Beratung
- Transparenz und Einfachheit der Angebote vermitteln können
- Flexibilität und Improvisationsbereitschaft
- Die freundliche und persönliche Verabschiedung

Darüber hinaus sei noch einmal erwähnt, dass die Klarheit in der Angebotsstruktur Missverständnissen und Enttäuschungen vorbeugt und das Vertrauen zum Kunden unterstützt. Diese Klarheit kann in Form eines Service-Kataloges oder einer Leistungsbeschrei-

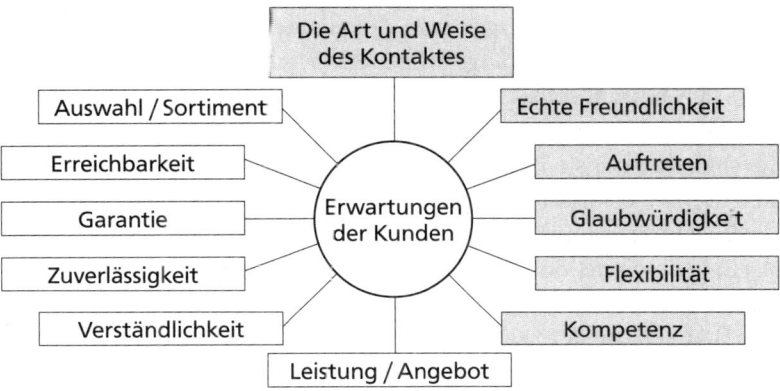

Abb. 16: Erwartungshaltung der Kunden

bung schriftlich festgelegt werden und sowohl den Mitarbeitern als auch den Kunden als gute und faire Grundlage einer langjährigen Beziehung dienen. Nur ist auch hier zu beachten, dass Anforderungen und Erwartungen an eine Dienstleistung sich seitens der Kunden verändern können. Ein Service-Katalog darf daher nicht ein in Stein gemeißeltes Angebot sein, sondern sollte von Zeit zu Zeit auch wieder abgeglichen werden. Für diesen Abgleich des Angebotes mit den Erwartungen der Kunden könnte eine Kundenzufriedenheitsbefragung eine gute Möglichkeit sein.

Um Ihren Kunden weitreichende Serviceerlebnisse anzubieten, halten wir es im ersten Schritt für wichtig, im Kundenkontakt permanente Klarheit darüber zu erlangen, was der Kunde gerade jetzt von Ihnen erwartet. Nur so werden Sie seinem Anspruch auch gerecht werden können.

Exemplarisch sind mögliche Kundenerwartungen in Abbildung 16 zusammen gefasst, die sowohl auf die Service-Momente als auch auf die Erfolgsfaktoren abzielen. Wir möchten noch einmal betonen, wie wichtig es ist, grundsätzlich die Sicht des Kunden anzunehmen, um ihm auch entsprechend serviceorientiert begegnen zu können. Da wir alle auch im Alltag Kunden sind, können wir unsere eigenen Ansprüche und die eigene Erwartungshaltung zu Grunde legen. Die vorangegangenen Geschichten und das Angebot, sich einmal selbst testen zu können, welche Erwartungen als Kunde in uns stecken, unterstützen Sie dabei, sich über den Grad Ihrer Erwartungshaltung bewusst zu werden.

Mit der Erwartungshaltung geht die Bewertung des Angebotes und der Leistung einher. Somit ist wichtig zu erkennen, welche Anforderungen seitens der Kunden an die angebotenen Leistungen gestellt werden.

Die Beurteilung der Servicequalität durch den Kunden ist abhängig von der individuellen Gewichtung der Service-Momente und der Erfolgsfaktoren. Diese Beurteilung entscheidet über den Grad der Zufriedenheit oder auch der Begeisterung für die angebotene Leistung und prägt die zukünftige Beziehung zwischen dem Kunden und dem Unternehmen.

Die verschiedenen Einflussgrößen, die letztlich zu einem Urteil beim Kunden führen, sind in ihrer Wirkungsweise äußerst komplex. Die generellen Anforderungen an ein Produkt oder an eine Dienstleistung sind in der Abbildung 16 auf der linken Seite angeordnet. Auf der rechten Seite befinden sich die weichen Faktoren, die sogenannten social skills (ARGYLE, 2005).

Liest man dieses Modell wie eine Uhr, beginnt dieser Kreis mit den social skills und findet seinen Anfang und sein Ende in der Art und Weise des Kontaktes. Hiermit kommt diesem Zyklus – der von uns bereits mehrfach beschriebenen Begegnung zwischen Kunden und Mitarbeitern des Unternehmens – eine besondere Rolle und Funktion zu.

Die Art und Weise des Kontaktes kann aus unserer Sicht der Schlüssel zur Servicequalität sein. Das Maß der erfüllten Erwartungen, die sich aus den genannten Faktoren ergeben, bildet dann das Qualitätsurteil und entscheidet über den Grad der Zufriedenheit oder die Begeisterung des Kunden.

Es gehören neben dem bereits erwähnten echten Lächeln auch entsprechende Standards zu einem positiven und lösungsorientierten

Sprachmuster. Dazu zählen beispielsweise die namentliche Ansprache des Kunden oder anerkennende Sprachwendungen wie:

- »Das mache ich gerne für Sie.«
- »Sind Sie bitte so nett und geben Sie mir Ihre Auftragsnummer?«
- »Gut, dass Sie das gleich jetzt bei mir so offen ansprechen...«
- »Selbstverständlich können wir das jetzt gleich für Sie so übernehmen.«
- »Diese Lösung ist optimal für Sie, weil wir hierbei all Ihre Wünsche bestmöglich berücksichtigen können.«

Worte und Sprachwendungen, die dem Kunden Bestätigung geben und ihm ein Entgegenkommen vermitteln, erleichtern den Umgang und das gegenseitige Verständnis. Diese Art der zwischenmenschlichen Kommunikation mit dem Kunden ist ein erster Schritt zum Erfolg im partnerschaftlichen Miteinander.

SERVICEQUALITÄT BRAUCHT KOMMUNIKATION

Die Beispiele und die Zusammenfassung der Erfolgsfaktoren aus dem ersten Kapitel zeigen auf, wie unterschiedlich und vielfältig Servicequalität durch den Kunden wahrgenommen werden kann. So ist eine Erkenntnis aus der Betrachtung der Service-Momente und der Erfolgsfaktoren, dass sich ein Serviceerlebnis für den Kunden vorrangig in der Begegnung mit den Mitarbeitern des Unternehmens entwickelt. Dieser partnerschaftliche Umgang erscheint uns als ein wesentliches Prinzip, um Kunden zu begeistern und an das Unternehmen zu binden. Ausdruck findet dieser Umgang in den verschiedenen Formen der Kommunikation, die zwischen den Beteiligten entsteht.

Grundsätzlich ist das Thema Kommunikation sehr umfangreich und komplex. Wir haben uns entschieden die wesentlichen Teilaspekte, die unserer Auffassung nach für die Optimierung der Servicequalität entscheidend sind, zu betrachten. Daher konzentrieren wir uns im ersten Teil des Kapitels auf ausgewählte Aspekte der Kommunikation zum Kunden. Dazu gehören unter anderem Instrumente wie das Beschwerdemanagement und die Kundenzufriedenheitsbefragung, die vor allem das Ziel haben, die gewonnenen Kunden zu binden.

Die Kundenbindungsinstrumente sind mit Musikinstrumenten zu vergleichen. Ein Instrument kann nur klingen, wenn es auch gespielt und beherrscht wird. Das bedeutet in diesem Zusammenhang auch, dass Sie Anschaffungskosten haben, Zeit und Geduld mitbringen, um zu üben. Sie können unterschiedliche Motivationslagen haben, ein Instrument zu lernen. Entweder wollen Sie sich selbst eine Freude machen oder haben die Motivation und das Ziel, andere zu begeistern. Erfahrungsgemäß lernt der Mensch ein Instrument, um auch eine Außenwirkung zu erzielen, wie zum

Beispiel von anderen bewundert zu werden und ihnen auch eine große Freude zu bereiten.

Auch die Kundenbindungsinstrumente signalisieren dem Kunden die eigene Bedeutung und Wertschätzung und setzen seine Bedürfnisse in den Vordergrund des künftigen unternehmerischen Handelns. In diesem Kapitel finden Sie daher praktische Tipps und Hinweise für die Einführung eines Beschwerdemanagements und für die Planung und Durchführung von Kundenzufriedenheitsbefragungen. Sie werden einen Eindruck über den Nutzen als auch über den Aufwand erhalten, die die Handhabung dieser Instrumente mit sich bringt.

Der zweite Teil dieses Kapitels befasst sich mit der Kommunikation innerhalb des Unternehmens. Es ist zur Optimierung der Servicequalität notwendig, dass eine Systematik und damit auch eine Kultur geschaffen wird, die ermöglicht, dass die Mitarbeiter freundlich, effizient und kompetent, also serviceorientiert arbeiten können. Hier behandeln wir unter anderem das Thema, die passenden Mitarbeiter für eine Dienstleistungsaufgabe zu finden und diese dann auch so zu führen, dass sie dem Unternehmen gegenüber loyal sind.

Serviceorientierte Kommunikation zum Kunden kann nur dann wirken und aufrechterhalten werden, wenn die Kommunikation innerhalb des Unternehmen den gleichen Anspruch erhebt: Die Mitarbeiter kommunizieren ebenso serviceorientiert miteinander wie mit ihren Kunden.

Das Beschwerdemanagement

Oft heißt es, wenn keine Beschwerden an das Unternehmen herangetragen werden, gibt es auch nichts zu verbessern. Leider ist diese Tatsache nicht richtig. Empirische Untersuchungen haben ergeben, dass lediglich vier Prozent aller unzufriedenen Kunden ihre Beschwerde auch an das Unternehmen richten. Sechsundneunzig Prozent erzählen ihr negatives Erlebnis ihren Freunden, Verwandten und Bekannten und wandern stillschweigend zu den Mitbewerbern ab. Hier stellt sich die Frage, warum es sich so verhält. Bis zu zehnmal erzählen enttäuschte Kunden ihre Erlebnisse weiter. Zufriedene Kunden teilen ihre positiven Erfahrungen im Gegensatz dazu nur drei weiteren Personen mit. (SCHARNBACHER/KIEFER 1996). In dem Wort Beschwerde steckt das Wort schwer. Wenn der Mensch belastet ist, möchte er es auch gerne wieder loswerden. Da anscheinend keine allzu guten Erfahrungen in dem Umgang mit Beschwerden gemacht worden sind, richtet sich der unzufriedene Kunde an Freunde, die ihm wohl gesonnen sind und von denen er weiß, dass er Zuspruch und Mitgefühl erhält. Zudem beabsichtigt der enttäuschte Kunde sicher mit dem Erzählen seiner Geschichte, die Freunde und Bekannten davor zu warnen, die gleiche negative Erfahrung zu machen.

Diese Warnungen und Negativberichte können sowohl bestehende als auch potenzielle Kunden, Gäste und Patienten verschrecken. Damit verbirgt sich die Gefahr des Negativ-Marketings hinter der Nichtachtung von Beschwerden. Das Instrument Beschwerdemanagement einzuführen und einzusetzen setzt also voraus, dass Sie offen für Verbesserungen sind und den Willen haben, in diese auch zu investieren. Sie werden dann aktiv auf Ihre Kunden zugehen und den Beschwerden offensiv begegnen und erhalten die notwendigen Informationen, um den Serviceprozess zu optimieren.

Untersuchungen in der Automobilindustrie ergaben, dass vierundfünfzig bis siebzig Prozent der Kunden, die nach Vorbringen ihrer Beschwerde und ausschließender Abhilfe zu Dauerkunden wurden. Wenn sehr schnell seitens des Unternehmens reagiert wird, konnte der Wert sogar auf fünfundneunzig Prozent steigen (BUNK 1993). In der kundenorientierten Bearbeitung und vor allem in der Reaktionszeit liegt die Möglichkeit des Unternehmens, aus einer Krisensituation eine loyale Kundenbeziehung aufzubauen.

In jedem enttäuschten Menschen verbirgt sich häufig auch eine Idee zur Lösung der Situation. Durch eine schnelle Reaktion und ein entgegenkommendes Verhalten erlebt der Beschwerdeführer, dass er dem Unternehmen nicht egal ist, sondern dass er sich ernst genommen fühlt und ihm Wertschätzung zuteil wird. Diese gemeinsam durchlebte Krisensituation schafft Verbündete, wenn das Ergebnis und die Lösung für alle Seiten zufriedenstellend ist. So kann eine Loyalität des Kunden zu dem Unternehmen entstehen. Untersuchungen ergaben den Zusammenhang zwischen der Dauer einer Kundenbeziehung und dem zu erzielenden Gewinn daraus. Diese Untersuchungen belegen, dass die Erträge um so stärker steigen je länger die Beziehung zu einem Kunden besteht (REICHHELD/ SASSER 1990).

Die Beschwerde als Chance betrachten

Eine Beschwerde ist die Artikulation von Unzufriedenheit sowohl in mündlicher als auch in schriftlicher Form. Die Beschwerde gründet sich dabei auf ein subjektiv als schädigend empfundenes Verhalten des Anbieters. Eine Reklamation hingegen ist ein Sonderfall von Beschwerden, d.h. bei einer Reklamation liegen Beanstandungen an dem Produkt oder der Dienstleistung mit kaufrechtlichen Forderungen vor (nach Stauss, 1998).

Dem Betroffenen oder Beschwerdeführer ist es in erster Linie nicht wichtig, ob es sich um eine Beschwerde oder Reklamation handelt. Er ist verärgert und erwartet von dem Verursacher seiner Unzufriedenheit Verständnis und Kulanz. Wie oben erwähnt, kontaktieren äußerst wenige Menschen das Unternehmen, das Geschäft, die Praxis. Durch dieses Verhalten wird dem Unternehmen die Chance genommen, zu reagieren, sich dem Ärger zu stellen und Lösungen für die Situation zu finden.

Das Beschwerdemanagement verfolgt das Ziel, aktuelle Kundenunzufriedenheit abzubauen und potenzielle Unzufriedenheit zu vermeiden. Gerade der Aspekt, die potenzielle Unzufriedenheit zu vermeiden, verdeutlicht, dass mit diesem Instrument ein Prozess der

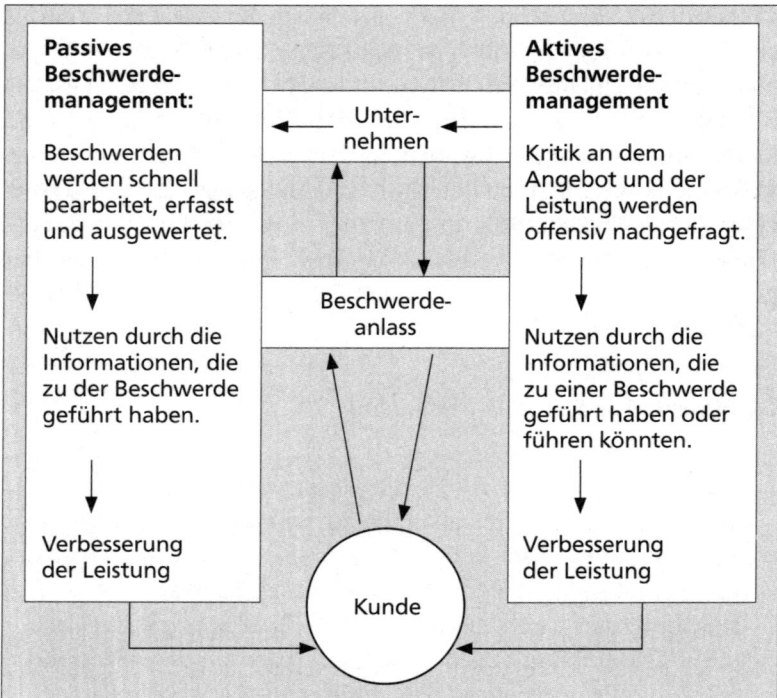

Abb. 17: Das passive und aktive Beschwerdemanagement

Verbesserungen und Veränderungen einhergeht. Die Einstellung, eine Beschwerde als Chance zu betrachten und aus den Fehlern zu lernen, ist die Voraussetzung, dieses Instrument Erfolg bringend einzusetzen. Wird eine Beschwerde von dem Unternehmen als unberechtigte Kritik angesehen und somit als Aufforderung verstanden, den Schuldigen zu finden und zu ahnden, ist das Ziel verfehlt.

Das Instrument Beschwerdemanagement zeichnet sich durch den einheitlichen und systematischen Umgang mit Beschwerden aus. Es gibt ein aktives und ein passives Beschwerdemanagement. Das passive Beschwerdemanagement ist die systematische Form auf eingehende Beschwerden so zu reagieren, dass einerseits der Kunde zufrieden gestellt wird und andererseits die Informationen, die zur Beschwerde führten, aufgenommen und ausgewertet werden. Das aktive Beschwerdemanagement zeichnet sich dadurch aus, dass das Unternehmen seine Kunden geradezu auffordert, kritische Äußerungen kund zu tun. Somit ist das aktive Beschwerdemanagement im Gegensatz zu »fishing for compliments«, ein »complaint fishing« (KUHNERT/RAMME 1998).

Oft werden Beschwerden bei der Bearbeitung in berechtigte und unberechtigte aufgeteilt. Bei den sogenannten unberechtigten Beschwerden sehen die Mitarbeiter sich nicht in der Verantwortung, da sie den Fehler erst einmal bei dem Kunden vermuten. Beschwerden können jedoch auch auf Missverständnissen oder auf überzogenen Erwartungen der Kunden beruhen. Wenn der Mitarbeiter sich dann aus der Verantwortung nimmt und nicht weiter hinterfragt und aufklärt, kommt er womöglich zu einem vorschnellen Urteil und begegnet dem Kunden mit Unverständnis. Hier verbirgt sich die große Gefahr, mit dem Kunden zu streiten und ihn dann für immer zu verlieren.

In diesem Sinne lehnen wir uns an einen von den sieben Philosophie-Leitgedanken des Gründers des Panasonic-Konzerns KONOSUKE MATSUSHITA an:

Es hat noch nie ein Unternehmen einen Streit mit einem Kunden gewonnen.

Setzt ein Streit zwischen Unternehmen und Kunden ein, geht es lediglich darum, einen Gewinner und einen Verlierer zu finden. Letztlich gibt es bei diesem Streit zwei Verlierer, denn wenn das Unternehmen annimmt, gewonnen zu haben, fühlt sich der Kunde als vermeintlicher Verlierer und ist für immer verloren und mit ihm durch seine Negativ-Propaganda auch weitere potenzielle Kunden. Das Sprichwort »ich sehe den Wald vor lauter Bäumen nicht« weist darauf hin, dass der Blick von außen benötigt wird, um auf Dinge aufmerksam gemacht zu werden, die nicht mehr erkannt werden.

Vielleicht ist unter anderem aus dieser Tatsache die Branche der Unternehmensberater entstanden. Wenn Sie sich also vorstellen, Ihre Kunden als Ihre Unternehmensberater zu betrachten, können Sie kostengünstig und sehr kundenorientiert Informationen erhalten, die Schwachstellen und Fehlerquellen aufdecken, von denen Sie vermutlich nicht einmal wissen, dass es sie überhaupt gibt.

> Ihr Kunde ist ein kostengünstiger Unternehmensberater. Beschwerdemanagement ist so zu verstehen, dass der Kunde, Gast oder Patient als Berater für Sie tätig wird und darüber eine kostenneutrale Reflexion der vorhandenen Strukturen, der bestehenden Arbeitsabläufe sowie der bestehenden Kundenzugewandtheit entsteht.

In dieser Betrachtungsweise liegt auch eine gute Möglichkeit sich der Philosophie zu nähern, die Beschwerden als Chance zur Verbesserung des Angebots der Serviceleistungen, der Begegnungsform und auch der Arbeitsabläufe zu nutzen.
Erfolgsfaktoren definieren und dem Kunden Service-Momente bieten, kann als ein Ergebnis eines erfolgreichen Beschwerdemanagements betrachtet werden.

Wie Beschwerden entstehen können

Die Ursache einer Beschwerde liegt in den nicht erfüllten Erwartungen des Kunden, die dann bei ihm zu einer Enttäuschung führen. Ein defektes oder nicht vorrätiges Produkt, lange Wartezeiten oder unfreundliche Mitarbeiter können zu Beschwerden führen. Ebenso können aber auch unklare Angebote und Serviceleistungen der Anlass für Enttäuschungen sein. Je mehr Klarheit in den angebotenen Leistungen besteht, desto weniger kann das Versprechen von dem Kunden falsch verstanden werden.
Schon ein Werbeslogan oder ein Motto kann Erwartungen hervorrufen. Beispielsweise wirbt ein Restaurant mit der Aussage auf einer

Tafel vor dem Eingang: »Hier wird in der Mittagszeit jedes Gericht innerhalb von sieben Minuten serviert – wenn nicht – übernehmen wir die Kosten für Sie.«

Über dieses besondere Angebot möchte sich das Restaurant einen Wettbewerbsvorteil verschaffen, erreicht jedoch, dass mit diesem Versprechen der Gast innerlich zum Schiedsrichter wird und die Zeit genau stoppt. Diese Leistung gilt es jetzt einzuhalten – die Erwartungen sind geschürt und wenn die Speise erst nach acht statt sieben Minuten serviert werden würde, stellt sich bei dem Gast eine Enttäuschung ein. Möglicherweise auch die Forderung einer *Garantieleistung*, auf Kosten des Hauses das Gericht zu verzehren.

Dieses Beispiel soll verdeutlichen, dass das Angebot und die Leistungen so zu definieren sind, dass sie realistisch eingehalten werden können. Und es ist zu hinterfragen, ob der oben beschriebene Sportsgeist die Wettbewerbsfähigkeit tatsächlich unterstützt oder ihr sogar entgegenwirken könnte. Unrealistische Angebote und Leistungen können zu hausgemachten Beschwerden führen, die dann eine Kundenabwanderung zur Folge haben. Nicht zu unterschätzen ist auch die Tatsache, dass die Mitarbeiter durch kaum umsetzbare Angebote stark unter Druck geraten und ihr Engagement und den Spaß an ihrer Arbeit verlieren könnten.

Aktiv mit Beschwerden umgehen

Beschwert sich der Kunde bei dem Unternehmen, sind zwei Ebenen zu beachten. Einerseits die subjektiv fehlerhaft wahrgenommene Leistung und andererseits der darüber entstandene Ärger, die Enttäuschung. Wenn in dieser Situation der Mitarbeiter kein Verständnis über den Ärger vermittelt, kann eine kleine Beschwerde eskalieren und dem Unternehmen erheblichen Schaden zufügen. Nicht nur viele Mitarbeiter sind dann mit der Beschwerde beschäftigt, was viel Zeit, Aufwand und Kosten verursacht, sondern vor allem bedeutet eine Eskalation, dass der Streit mit dem Kunden, wie oben beschrieben, für das Unternehmen nicht gewonnen werden kann.

Als Mitarbeiter ist es zunehmend wichtig, in dieser schwierigen Situation die eigene Position zu verlassen und sich in die Rolle des Kunden zu versetzen. Sinnbildlich könnte das Bild helfen, den Blick durch die Kundenbrille zu wagen, um zu verstehen, was der Kunde in dieser Situation von dem Mitarbeiter benötigt und erwartet. Denn eine Beschwerde so zu bearbeiten, dass sich Zufriedenheit bei dem Kunden einstellt, wird von diesem als selbstverständlich wahrgenommen und ist für ihn das Minimum, um bei dem Anbieter zu bleiben.

Diese Beschwerdesituation ist daher so zu gestalten, dass der Kunde, Gast oder Patient nicht nur zufrieden, sondern sogar begeistert ist. Das bedeutet aktiv an der Beziehung zum Kunden zu arbeiten. Auch hier steckt in der Begegnung die große Herausforderung, den passenden Ton und die richtigen Worte zu finden, um so diese schwierige Situation auch zu meistern. Grundvoraussetzung für die mögliche Begeisterung des Kunden ist die innere Haltung der Mitarbeiter, die sich durch die Zugewandtheit, Verständnis und ein grundsätzlich positives Kundenbild auszeichnet.

Unser »Fünf-Schritte-Modell« ist eine Hilfestellung, um eine Beschwerde so zu bearbeiten, dass die aktuelle Kundenunzufriedenheit abgebaut und neues Vertrauen aufgebaut wird.

Beschwert sich ein Kunde, ist es wichtig, ihm im ersten Schritt erst einmal zu zuhören. Das Zuhören kann durch den Blickkontakt oder am Telefon durch Laute wie »hm« oder »ja«« dem Gesprächspartner vermittelt werden. Auch eine Frage, wie z.B. »Habe ich Sie richtig verstanden, dass...?« zeigt Interesse und kann durch das geäußerte Verständnis »Ich kann Ihren Ärger verstehen« unterstützt werden. Diese Sätze sind noch keine Entscheidung über Recht oder Unrecht des Beschwerdeinhalts, sondern lässt in erster Linie den verärgerten Kunden Mitgefühl zuteil werden. Kommt diese Äußerung nicht von Herzen und ist zu einer Floskel verkommen, wird der Ärger bei dem Kunden geschürt und die Lösung des Problems rückt dann womöglich in weite Ferne.

Was auch immer vorgefallen ist, es gilt einem enttäuschten Menschen wertschätzend zu begegnen. In dieser Situation erwartet

Das Fünf-Schritte-Modell		
Verständnis Mitgefühl Interesse zeigen	1. Schritt	Aktives Zuhören
Sachverhalt klären	2. Schritt	»Offene Fragen« stellen
Eine Lösung gemeinsam erarbeiten	3. Schritt	Das Gefühl vermitteln: »Wir sitzen in einem Boot«
Verantwortung übernehmen	4. Schritt	»Ich kümmere mich darum«

Kann nicht sofort geklärt werden   *Kann sofort geklärt werden*

| Vereinbarung treffen | 5. Schritt | »Ich veranlasse ...« |

Zufriedenheit mit der Lösung erfragen   »Ist das für Sie so in Ordnung?«

»Nein«   »Ja«

neue Chance!
- Fragen stellen
- Neue Lösung

Lösungsansatz zusammenfassen und in die Zukunft blicken (z.B.: »Ich informiere Sie innerhalb der nächsten 3 Tage über den Ergebnisstand ...«)

Abb. 18: Das »Fünf-Schritte-Modell« für den Umgang mit Beschwerden und Reklamationen

der Kunde Verständnis, Mitgefühl, Wertschätzung und eine Lösung. Um überhaupt zu einer Lösung gelangen zu können, gilt es in dem zweiten Schritt, den Sachverhalt zu klären. Offene Fragen, wie z.B. »Was genau ...?«, »Wie genau ...?« oder »Wann genau ...?« bringen Informationen. Antworten geben Aufschluss über den konkreten Anlass und den Inhalt der Beschwerde oder der Reklamation. Mit diesen Informationen kann im dritten Schritt eine Lösung erarbeitet werden, die für beide Seiten zufriedenstellend ist. Dem Kunden wird durch die Haltung des Mitarbeiters und die Art der Gesprächsführung laufend vermittelt, dass der Mitarbeiter Verantwortung für diesen Fall übernimmt. Durch die Äußerung »Ich kümmere mich darum« und die Zusammenfassung der Vereinbarung im vierten Schritt wird diese Verantwortung dann aktiv formuliert. Um sicher zu stellen, dass die Lösung im Sinne des Kunden gefunden wurde, ist es empfehlenswert, im fünften Schritt nach der Zufriedenheit zu fragen. Oft wird diese Frage nicht gestellt, da die Angst vor einem »Nein« gegenüber der Zustimmung überwiegt.

Sollte der Kunde nicht zufrieden sein und sich mit dieser Unzufriedenheit verabschieden, war das gesamte Gespräch vergebens. Vor allem wird der Ärger des Kunden weiter zunehmen, da er keine akzeptable Lösung für sein Problem sieht. Dieses »Nein« des Kunden gilt es also als eine weitere Chance zu betrachten, um doch ein akzeptables Ergebnis zu erzielen. Mit den Worten »Uns liegt Ihre Zufriedenheit sehr am Herzen. Was genau kann ich jetzt für Sie tun, damit wir eine für beide Seiten zufriedenstellende Lösung finden?« ist die Möglichkeit gegeben, einen neuen Weg zu erarbeiten. Gegebenenfalls gilt es Rücksprache mit Kollegen oder Vorgesetzen zu halten und sich mit dem Kunden auf einen späteren Termin zu verabreden. Dieser Termin ist unbedingt einzuhalten, da ansonsten auch dieses Versprechen nicht eingehalten und das Vertrauen zutiefst gestört würde.

An dieser Stelle sei noch einmal erwähnt, wie wichtig die ehrlich interessierte und lösungsorientierte Haltung eines Mitarbeiters in einer schwierigen Situation ist. Falsches Bedauern, keine Reaktion, die Konzentration auf Recht und Unrecht oder sogar die Solidarisierung des Mitarbeiters mit dem Kunden, im Sinne »Hier läuft auch immer alles schief« wird weder eine Lösung herbeiführen noch das verloren gegangene Vertrauen wieder aufbauen können. Wenn aus einer Unsicherheit des Mitarbeiters heraus oder aus den nicht vorhandenen Kompetenzen zur Lösung des Problems der

Kunde und der Mitarbeiter sich gegenseitig bemitleiden, werden beide gemeinsam in ein Jammertal herabsteigen, aus dem weder der eine noch der andere schnell wieder herauskommt. Der Kunde ist weiterhin enttäuscht und der Mitarbeiter deprimiert und unmotiviert, da er nicht wirklich etwas bewegen konnte.

So ist auch in diesem Zusammenhang besonders darauf zu achten, dass die Mitarbeiter sowohl die Kompetenz zur angemessenen Gesprächsführung erlangen als auch autorisiert sind, in einem entsprechend vereinbarten Rahmen, Entscheidungen treffen zu dürfen.

> Die Zufriedenheit des Kunden in einer Beschwerdesituation hängt nicht unbedingt von der Höhe der Kulanz ab, sondern auch davon, dass ihm ehrliche Wertschätzung vermittelt wird.

Es gibt mehrere Möglichkeiten, dem Kunden in einer Beschwerdesituation die entsprechende Wertschätzung zu vermitteln. Wie eben beschrieben, sind das Zuhören und das ehrliche Verständnis Beispiele für entgegengebrachte Wertschätzung. In der Wahrnehmung des Kunden ist der Zeitfaktor im Beschwerdeprozess ein wesentliches Element. Sowohl am Telefon, per Mail oder Brief – der Kunde erwartet eine zeitnahe Reaktion.

Da Zeit jedoch grundsätzlich vom Menschen als sehr subjektiv empfunden wird, ist zu klären, welcher Zeitrahmen für den Kunden und welcher für die Bearbeitung vom Mitarbeiter als angemessen betrachtet wird. Oft klaffen die Erwartungen von einer zeitnahen Reaktion auseinander. Der Kunde versteht dann möglicherweise unter der Aussage zeitnah, die Bearbeitung innerhalb der nächsten zwei Stunden. Der Mitarbeiter sieht jedoch seinen Stapel Arbeit vor sich und versteht unter der zeitnahen Bearbeitung eher zwei Tage. Verständigen sich beide nicht über diese Zeitangabe, kann eine weitere Enttäuschung des Kunden zu einer noch größeren Verärgerung führen. Die Klärung des Problems wird durch dieses zusätzliche Missverständnis weitaus schwieriger.

Zeit spielt in der Bearbeitung von Problemfällen eine große Rolle. Die Klarheit über die Zeitangabe ist durchaus wichtig. Zeitangaben sollten nicht in Form von »zeitnah« oder »schnell«, sondern sehr konkret gehalten werden, wie z.B. »Ich rufe Sie innerhalb der nächsten zwei Stunden an.« oder »Ich melde mich morgen um siebzehn Uhr bei Ihnen.«

Bevor durch Unsicherheiten der Mitarbeiter und dem mangelnden Verständnis gegenüber den Kunden mit kostenintensiver Kulanz auf breiter Ebene reagiert wird, nach dem Motto »In ihrem Fall bieten wir grundsätzlich eine Kulanz von fünf Euro an«, sollte eher die Einzigartigkeit der Situation und vor allem die Wichtigkeit des Kunden vermittelt werden. Eine beispielhafte Formulierung ist: »In Ihrem speziellen Fall biete ich Ihnen fünf Euro an, denn es ist uns wichtig, Sie als unseren Kunden zufrieden zu stellen.«

Grundsätzlich ist hier Vorsicht geboten. Denn Kulanzen auf breiter Ebene nehmen die Mitarbeiter aus ihrer Verantwortung, sich individuell mit dem Kunden auseinander zu setzen und wirken zudem auch noch inflationär. Stellen Sie sich vor, dass ein Kunde bei der dritten Beschwerde über die Warteschlange am Telefon, auch zum dritten Mal eine Telefonkarte angeboten bekommt. Das kann zur Folge haben, dass der eine Kunde sich weiterhin darüber ärgert, dass das Unternehmen noch nichts gegen diesen Missstand unternommen hat. Ein anderer Kunde kann diese Situation jedoch auch schamlos ausnutzen. Er beschwert sich wiederholt, in der Erwartung, einmal mehr eine Telefonkarte zu erhalten. Dabei wird er keine loyale Bindung zum Unternehmen zu entwickeln.

Bei einer Beschwerde oder Reklamation wird ein Produkt oder eine Dienstleistung zum zweiten Mal verkauft. Damit ist gemeint, dass eine Beschwerdebearbeitung das gesamte Leistungsspektrum des Unternehmens neu zeigt. Das Produkt oder die Dienstleistung wird in dieser Situation vom Kunden erneut bewertet.

Um etwas zu verkaufen, ist es notwendig, bei dem potenziellen
Kunden die entsprechende Überzeugungsarbeit zu leisten. Hat sich
der Kunde für den Kauf entschieden, so möchte er grundsätzlich
auch zu seiner Entscheidung stehen und sie nicht im Nachhinein
bereuen. Eine Beschwerdesituation kann für den Kunden bedeuten, dass er seine Kaufentscheidung anzweifelt. Daher ist es für das
Unternehmen unabdingbar, diese Situation sehr ernst zu nehmen
und den Kunden erneut von der Richtigkeit seiner Entscheidung
zu überzeugen. Dazu gehört auf der einen Seite der wertschätzende
Umgang mit dem Kunden und auf der anderen Seite die sorgfältige
und schnelle Bearbeitung der Beschwerde.
Um sich stetig selbst zu überprüfen, empfehlen wir den Selbsttest
»Beschwerdemanagement« (siehe nächste Seite). Wenn dieser mo-
natlich oder vierteljährlich ausgefüllt wird, bleiben die Kriterien
für den Umgang mit schwierigen Situationen stets präsent. Es gibt
in diesem Selbsttest einige Aussagen, die nicht mit »immer« oder
»manchmal« anzukreuzen sind. Das ist bewusst so gewählt, um
beim Ausfüllen nicht in eine Routine zu gelangen, und auch um in
Erinnerung zu rufen, wie man sich nicht verhalten sollte.

Die Beschwerden systematisch erfassen und auswerten

Das kundenorientierte Verhalten in Beschwerdesituation ist ein wesentlicher Faktor, um den Kunden wertschätzend zu begegnen und
ihn an das Unternehmen zu binden. Das Instrument Beschwerdemanagement umfasst jedoch auch die Möglichkeit, aus den entge-
gengebrachten Beschwerden und Reklamationen zu lernen. Das
setzt voraus, dass die eingegangenen Beschwerden dokumentiert
und systematisiert werden.
Eine spezielle Software für den Computer oder ein Beschwerdeer-
fassungsbogen eignen sich zur Dokumentation. Mehrere Vorteile
sind durch die Erfassung gegeben. Der Mitarbeiter kann in Gegen-
wart des Kunden den Beschwerdegrund schriftlich aufnehmen und
signalisiert dadurch, dass der Kunde vom Unternehmen ernst ge-

Selbst-Test »Beschwerdemanagement«

Name:

	immer	manchmal	nie
Ich höre konzentriert zu und bin geduldig	O	O	O
Ich habe mein Verständnis für den Ärger des Kunden gezeigt	O	O	O
Ich nehme die verbalen Angriffe nicht persönlich und konzentriere mich auf die Lösung	O	O	O
Ich biete die schriftliche Fixierung an, um dem Kunden zu vermitteln, dass sein Anliegen bearbeitet wird	O	O	O
Ich ärgere mich über den Kunden/Gast/ Patienten und bin auch aufgeregt	O	O	O
Ich führe das Gespräch durch gezielte Fragen	O	O	O
Ich vermittle dem Anrufer, dass ich ihm aktiv zuhöre (Blickkontakt, zusammenfassen, wiederholen, »hm«)	O	O	O
Ich übergebe die Verantwortung für Beschwerden und Reklamationen meinen Kollegen oder an das Unternehmen und nehme sie nicht entgegen	O	O	O
Ich zeige dem Kunden, dass er ernst und wichtig genommen wird (Zuhören/ Verständnis/Interesse durch Fragen)	O	O	O
Ich erarbeite mit dem Kunden gemeinsam eine Lösung	O	O	O
Ich fühle mich unsicher oder hilflos, und der Kunde führt das Gespräch	O	O	O
Ich verabschiede mich in einer freundlichen und persönlichen Weise	O	O	O

Was kann ich besonders gut?

_____

Worauf möchte ich in Zukunft besonders achten:

_____

Datum: _____

Abb. 19: Selbst-Test für den Umgang mit Beschwerden und Reklamationen

nommen und die Beschwerde bearbeitet wird. Das bietet sich vor allem dann an, wenn der Sachverhalt nicht sofort geklärt werden kann und eine Weiterleitung an Kollegen notwendig ist.

Somit kann der Erfassungsbogen zwei Funktionen haben. Einerseits dient er als schriftliche Bearbeitungsgrundlage und andererseits zur Dokumentation. Auch wenn die Beschwerde sofort behoben wird, ist die nachträgliche Erfassung ratsam, um anschließend die Beschwerden auch auswerten zu können. Werden die Beschwerden nicht erfasst, können wichtige und kostbare Informationen zur Verbesserung der Leistungen oder der Arbeitsprozesse verloren gehen.

In dem Erfassungsbogen für Beschwerden und Reklamationen sollten die Daten aufgenommen werden, die eine Weiterbearbeitung und eine Analyse der Ursachen ermöglichen. Falls der Beschwerdefall nicht sofort zufriedenstellend bearbeitet werden kann, dient der Erfassungsbogen als Grundlage für die Weiterbearbeitung.

Vier Bereiche sollten in dem Bogen erfasst werden:

1. Wer hat sich beschwert?	2. Entgegennahme der Beschwerde	3. Bearbeitung der Beschwerde	4. Kontrolle der Bearbeitung
Name Adresse Telefonnummer	Datum Persönlich, telefonisch, schriftlich Name des Mitarbeiters Betroffener Bereich (z.B. Kundendienst, Lager etc.) Beschwerdegegenstand, Kurzbeschreibung der Beschwerde Ggf. Weiterleitung an... (Name des Mitarbeiters, Name der Abteilung)	Name des Mitarbeiters, der das Gespräch geführt hat Datum des Gespräches Wann erfolgte ggf. eine Zwischennachricht? Kurzbeschreibung der Lösung Zufriedenheit des Kunden mit der Lösung Ggf. weiteres Verfahren	Eingang wurde bestätigt: schriftlich/persönlich/telefonisch Fristgerecht innerhalb von z.B. 3 Arbeitstagen am... Die abschließende Bearbeitung erfolgte innerhalb von z.B. 14 Tagen am...

Abb. 20: Mögliche Themen eines Beschwerde-Erfassungsbogens

Wir empfehlen, die Beschwerden zentral zu sammeln und auszuwerten, sodass die Verantwortung für die Daten in einer Hand liegen.

Aus den erfassten und systematisierten Daten können dann die anstehenden Maßnahmen erarbeitet und umgesetzt werden.

Die Systematisierung erfolgt, indem die Beschwerdegründe gebündelt und mit dem Zeitraum in Zusammenhang gebracht werden. So kann zurückverfolgt werden, ob die Ursachen in einer außergewöhnlichen Situation, wie z.B. ein extrem erhöhter Krankenstand der Mitarbeiter oder ein Lieferengpass, lagen. Wenn die Beschwerden und Reklamationen auf keinen außergewöhnlichen Umstand zurückzuführen sind, liegt hier die Chance der Verbesserung. Sowohl der Kunde als auch die Mitarbeiter sind dankbar, wenn ein immerwährender Missstand oder ein Ärgernis endgültig ausgeräumt wird.

Durch die Bündelung der Beschwerdeanlässe wird auch sichtbar, welche Verbesserungen so schnell wie möglich einzuleiten sind. Durch den gegebenen Überblick wird die Möglichkeit gegeben sein, entsprechende Prioritäten setzen zu können. Um auch hier den Mitarbeitern eine hohe Transparenz zu vermitteln und dabei nicht den Datenschutz zu verletzen, ist es ratsam, die Beschwerdegründe als Oberbegriffe und den Zeitraum ohne Angabe detaillierter oder persönlicher Informationen zu veröffentlichen.

Es kann ein hoher Motivationsfaktor für die Mitarbeiter sein, neben den dokumentierten Beschwerdeanlässen auch die Maßnahmen zur Verbesserung zu beschreiben. So wird unter anderem auch für jeden deutlich und zugänglich, welche Verbesserungsmaßnahmen momentan besonders für das Unternehmen wichtig sind. Durch diese Art der transparenten Kommunikation wird sehr klar verdeutlicht, dass das Unternehmen grundsätzlich aus den eingegangenen Beschwerden lernen will.

Sie erhalten durch die Dokumentation und die Systematisierung der eingegangenen Beschwerden und Reklamationen die Möglichkeit, bei anstehenden Verbesserungsmaßnahmen Prioritäten zu setzen.

Das persönliche Gespräch hat gegenüber einer schriftlichen Auseinandersetzung grundsätzlich den Vorteil, dass Missverständnisse
sofort geklärt werden können. So ist es empfehlenswert, auch wenn
eine Beschwerde auf dem schriftlichen Weg erfolgt, den Kunden
persönlich oder in einem Telefonat anzusprechen und auf diesem
Weg eine Klärung herbeizuführen. Die schriftliche Form eignet
sich besonders für die Bestätigung des Ergebnisses.

Tipps:
- Definieren Sie, in welcher Zeit Sie eine Beschwerde bearbeiten wollen und können.
- Reagieren Sie auf den Eingang einer Beschwerde per Mail entsprechend des schnellen Mediums innerhalb von 48 Stunden.
- Versenden Sie eine Empfangsbestätigung verbunden mit einem Dankeschön und der Ankündigung der Bearbeitungszeit.
- Reagieren Sie auf eine Beschwerde per Brief innerhalb von 3 Tagen, möglichst durch ein persönliches Gespräch am Telefon.
- Machen Sie Ihre Mitarbeiter für die Bearbeitung einer Beschwerde verantwortlich und übertragen Sie ihnen die entsprechende Kompetenz.
- Rechtfertigen Sie sich nicht, sondern begegnen Sie dem Ärger des Kunden mit Verständnis und Fragen zum Sachverhalt.
- Versprechen Sie ausschließlich das, was Sie auch halten können.
- Halten Sie die getroffenen Vereinbarungen genau ein.
- Versichern Sie allen Mitarbeitern, dass Beschwerden ausschließlich Hand in Hand zu bearbeiten sind und nicht das Verursacherprinzip und damit die Schuldfrage im Vordergrund steht.
- Zeigen Sie dem Kunden, Gast oder Patienten eine individuelle Bearbeitung und Kulanzbereitschaft.
- Versichern Sie Sich, dass der Kunde mit der Lösung zufrieden ist.
- Dokumentieren und systematisieren Sie die Beschwerden und Reklamationen.
- Setzen Sie Prioritäten für die Verbesserungsmaßnahmen.

Die Kundenzufriedenheitsbefragung

Um die Qualität der Serviceerlebnisse für Kunden nachhaltig zu steigern, gibt es das Instrument der Zufriedenheitsbefragung. Hierdurch wird dem Kunden gezeigt, wie systematisch ein Unternehmen seine Angebote und Dienstleitungen optimiert.

Die Meinung des Kunden gibt dabei die gewünschte Hilfestellung. Eine Kundenzufriedenheitsbefragung hat in der Regel eine Außenwirkung auf die Kunden und löst bei den Kunden oft eine direkte Erwartungshaltung aus. Es entsteht der Wunsch, dass die erfragten Anregungen aufgenommen werden und tatsächlich zu einer Leistungsoptimierung im Service führen. Jedoch werden die Verbesserungen für den Kunden immer erst dann auch spürbar, wenn die eigenen Vorschläge auch wirklich umgesetzt wurden. So sollte einem bewusst sein, dass aus den Verbesserungsvorschlägen der Kunden nach einer entsprechenden Prüfung auf Wirtschaftlichkeit und Nutzen auch Maßnahmen zu entwickeln sind.

In vielen Restaurants und Hotels sind Befragungen seit einigen Jahren Bestandteil des Service-Alltags. Diese Befragungskarten sind sowohl auf den Hotelzimmern zu finden als auch auf den Tischen der Restaurants.

Eingeleitet wird die Kundenzufriedenheitsbefragung häufig mit dem Satz »Ihre Meinung ist uns wichtig«. Der Gast wird gebeten, entweder eine kleine Karte mit einigen Fragen oder sogar einen einseitigen Fragebogen auszufüllen. Erfahrungsgemäß werden die Fragebögen nur dann ausgefüllt, wenn etwas nicht zur Zufriedenheit gewesen ist und der Gast eine persönliche Konfrontation scheut. Allein das Ausfüllen des Fragebogens wird die Unzufriedenheit des Gastes nicht beheben können und seine Enttäuschung wird ihn dazu bewegen, das Restaurant oder Hotel nicht wieder zu besuchen. Er bleibt stillschweigend fern und findet für sich ein alternatives Angebot. Der von ihm ausgefüllte Fragebogen gibt dem Unternehmen zumindest die Chance, auf die kritisierten Punkte zu reagieren und für die Zukunft entsprechende Veränderungen vorzunehmen.

Es wird deutlich, dass diese Fragebögen keinen Ersatz sind für das Erleben von Service und auch nicht die Konsequenzen unzufriedener Kunden verhindern. Die Fragebögen können demnach lediglich als Unterstützung oder Hilfestellung in der Urteilsfindung des Kunden gesehen werden. Die beste Vorraussetzung für eine Befragung ist, eine grundsätzlich kundenorientierte Atmosphäre zu vermitteln, in der Lob und Kritik sowie Verbesserungsvorschläge seitens der Kunden herzlich willkommen sind. Der Kunde sollte spüren, dass auch die Mitarbeiter hierfür absolut offen sind.

Den meisten Menschen bringt es weitaus mehr Freude ein Lob auszusprechen, als Kritik zu äußern. Nicht Jeder kann – trotz offener Atmosphäre – sein Anliegen, seine Meinung oder seine Kritik auch formulieren und direkt ansprechen. Hier ist die schriftliche Befragung eine Möglichkeit, die ehrliche Meinung der Kunden über das Angebot, die Leistung und den Service zu erhalten. Der Befragungsbogen gibt dem Kunden und dem Unternehmen die Möglichkeit, sich eine konfrontative Situation zu ersparen.

Manch ein Kunde, der das Bedürfnis verspürt, seine Kritik offen zu formulieren, wird diese möglicherweise zu Gunsten der schriftlichen Äußerung fallen lassen. Für ihn ist dann einzig und allein die grundsätzliche Möglichkeit wichtig, seinem Ärger oder seiner Enttäuschung Ausdruck verleihen zu können.

Damit möglichst viele Kunden ihre Servicebewertung auch tatsächlich abgeben, sollte der Befragungsbogen den Kunden motivieren und zum Mitmachen einladen. Wichtig hierfür ist beispielsweise, dass weniger Fragen auf dem Fragebogen eher zur Beantwortung anregen als zu viele Fragen. Wer hat schon die Zeit und Muße, hundertzwanzig Fragen zu beantworten? Bei der Entscheidung, wie viele Fragen gestellt werden, gilt es jedoch abzuwägen, mit welchem Anspruch die Befragung durchgeführt werden soll. Wenige Fragen halten oft einer statistischen Bewertung nicht stand, sondern geben lediglich Hinweise und Tendenzen an.

Kurze und prägnante Fragen und eine ansprechende Gestaltung sind ein guter Ansatz, den Kunden für das Ausfüllen zu gewinnen. Einen erfahrungsgemäß hohen Anreiz bietet die Möglichkeit, den

Kunden auch für die Mühe des Ausfüllens zu belohnen. Beispielsweise hat ein Versandhandel die Beantwortung der Fragen mit einem 5-EURO-Gutschein honoriert. Weitere Anreize für das Ausfüllen eines Fragebogens können folgende Ideen sein:

- die Teilnahme an einer Verlosung
- eine kleine Aufmerksamkeit wie ein Glas Sekt
- eine Einladung zu einer Informationsveranstaltung
- ein kleines Geschenk, das mit dem Unternehmen verbunden ist

Die Kundenzufriedenheitsbefragung stellt die grundsätzliche Bereitschaft des Unternehmens heraus, für die Meinung, Kritik, Vorschläge und Empfehlungen der Kunden offen zu sein. Diese Einstellung kann auf die Kunden sehr wertschätzend wirken. Zudem unterstreicht die Tatsache, dass sich das Unternehmen diese Meinung auch noch etwas kosten lässt, diese Wertschätzung um ein Vielfaches.

Auch in diesem Zusammenhang können Sie Ihren Kunden als Berater nutzen und ihm über die Befragung den Auftrag geben, Ihr Unternehmen zu kritisieren. So gelangen Sie zu Informationen, die für eventuell anstehende Verbesserungen von hohem Nutzen sein können.

Ein Praxis-Beispiel aus einem Restaurant

Der Text dieser Kundenzufriedenheitsbefragung steht auf einer kleinen farbigen Karte. Diese Karten sind beidseitig bedruckt und liegen auf den Tischen im Restaurant aus.

Zu beachten ist, dass die Anzahl der Karten der Anzahl der Stühle entspricht und das Personal beim Abräumen und Eindecken der Tische die Karten auch entsprechend immer wieder ergänzt.

Es gibt die ausgesprochen gute Möglichkeit, diese Befragung darüber hinaus als Kundenbindungsinstrument zu nutzen. Wenn der Gast seine persönlichen Daten freiwillig nennt, besteht für das Restaurant die Chance, ihm Glückwünsche zum Geburtstag per Karte

Sehr verehrter Gast,

es ist uns ein Anliegen, Ihren Aufenthalt bei uns so angenehm wie möglich zu gestalten.

Um dieses Ziel erreichen zu können, benötigen wir auch Ihre Hilfe. Wir sind offen für Ihre Kritik und Ihr Lob und vor allem auch für Ihre Anregungen.

Daher bitten wir Sie, die umseitigen Fragen zu beantworten und den Zettel in unseren »Grünen Kasten« am Eingang im Vorraum zu werfen.

Ihre Mühe lohnt sich!

Jeden Monat verlosen wir unter unseren Gästen, die diese Karte ausgefüllt haben

»ein Essen für zwei Personen«

und dabei können Sie dann unsere Fortschritte begutachten.

Das gesamte Restaurant-Team bedankt sich bei Ihnen für Ihre Hinweise und freut sich auf Ihren nächsten Besuch.

Abb. 21: Beispiel für die Frontseite einer Kundenzufriedenheitsbefragungs-karte

oder E-Mail zu übermitteln. Mit diesen Glückwünschen kann auch ein kleines Geschenk überreicht werden: Gutscheine für eine Einladung zu einem Glas Sekt, einem Cocktail, eine Vorspeise, eine Weinprobe oder eine andere kleine Aufmerksamkeit. Das alte Sprichwort »Kleine Geschenke erhalten die Freundschaft« unterstreicht diese Möglichkeit der Kundenbindung.

Die Voraussetzungen schaffen

Eine nicht zu unterschätzende Grundvoraussetzung für den Einsatz dieses Instrumentes ist, offen für mögliche anstehende Veränderungen zu sein. Gibt es an dieser Stelle Zweifel, wäre es fatal, dieses Projekt zu beginnen. Denn allein die Auseinandersetzung

Datum _____   Uhrzeit _____

Sie wurden bedient von Kellner/in _____
                                    (siehe auch Rechnung)

1. Wie zufrieden waren Sie mit unserer Bedienung?
○ Sehr zufrieden ○ zufrieden ○ weniger zufrieden ○ unzufrieden
Lob/Kritik: _____

2. Wie zufrieden waren Sie mit unseren Speisen?
○ Sehr zufrieden ○ zufrieden ○ weniger zufrieden ○ unzufrieden
Lob/Kritik: _____

3. Welche Speisen hatten Sie ausgewählt? Speisen-Nr.: _____

4. Welche weiteren Vorschläge und Bemerkungen haben Sie?
(z.B. unsere Sanitäranlagen, Musik, Ausstattung)

_____

Name: _____   Geburtsdatum: _____

Adresse: _____

Telefon: _____   E-Mail: _____

Unsere Garantie: Ihre Daten werden nicht an Dritte weitergegeben.

Abb. 22: Beispiel für die Rückseite einer Kundenzufriedenheitsbefragungs-karte

mit diesem Instrument und deren Ankündigung weckt bei den Mitarbeitern sowohl Erwartungen als auch Ängste. Diese Ängste beziehen sich auf die mögliche Kontrolle oder auf die eventuell anstehenden Veränderungen. Auch bei den Kunden werden Erwartungen geweckt, dass sich etwas verändern wird. Geschieht nichts, werden alle Erwartungen enttäuscht – sowohl die der Kunden als auch die der Mitarbeiter.

Das Ziel einer Kundenzufriedenheitsbefragung ist, festzustellen, ob die angebotenen Leistungen und der Service den Erwartungen der Kunden entsprechen oder nicht. Zudem bringen die Antworten der Kunden Informationen darüber, ob der Service auch als solcher von ihnen wahrgenommen wird. Durch diesen Abgleich können mögliche Veränderungen zur Optimierung anstehen.

Die Entscheidung, von den Kunden, Gästen oder Patienten zu erfahren, wie zufrieden sie mit dem Angebot und der Leistung sind, bedeutet für das Unternehmen einen organisatorischen Aufwand und einen entsprechenden Zeitaufwand. Um dieser Investition einen Nutzen folgen zu lassen, ist eine gute Vorbereitung notwendig. So ist der Kundenzufriedenheitsbefragung ein interner Prozess voranzustellen, in dem grundsätzliche Fragen zu beantworten sind. Die Organisation und die Verantwortlichkeiten sollten geklärt sein, bevor der nächste Schritt unternommen wird. Ansonsten besteht die Gefahr, dass das gesamte Projekt im Sande verläuft, da im Tagesgeschäft meist niemand Zeit findet, um sich mit diesem Thema auseinander zu setzen und es professionell zu betreuen.

Sie erhalten einen Überblick der anstehenden Rahmenbedingungen und sind entsprechend gut vorbereitet, wenn Sie folgende Fragen im Vorwege klären:

Planungsfragen:

- Wer betreut dieses Instrument über welchen Zeitraum?
- Wer erklärt allen Beteiligten das Projekt einer Kundenzufriedenheitsbefragung mit allen Chancen und Gefahren?
- Wer entwickelt die Fragen für den Fragebogen?
- Wer ist für das Layout verantwortlich?
- Wie sollen die Daten erfasst und gesichert werden?
- Wie sollen die Daten den Mitarbeitern zugänglich gemacht werden?
- Wie sollen die Ergebnisse den Mitarbeitern und Kunden zurückgemeldet werden?
- Über welchen Zeitraum soll das Projekt geplant werden?
- Wann soll das Projekt starten?

Wenn die Rahmenbedingungen und die Verantwortlichkeiten geklärt sind, steht im nächsten Schritt die Klärung der internen Sicht an. Das bedeutet, herauszufinden, welche Serviceangebote es gibt und wie diese ausgestaltet sind. Aus diesen Antworten heraus können dann die für das Unternehmen interessanten Fragen an den Kunden entwickelt werden.

Die interne Sicht klären

Die Klärung der internen Sicht kann dazu führen, dass sich eine Geschäftsstrategie mit seinen Leistungen und Angeboten herauskristallisiert und deutlich wird, dass gewisse Leistungen auf die eine oder andere Art von der Geschäftsführung gar nicht erwünscht sind. Auch die Gründe für diese Strategie werden offen gelegt. Um eben dieser Strategie näher zu kommen, ist ein Prozess zu starten, indem Fragen gestellt werden, die Entscheidungen herbeiführen. Das Hinterfragen dieser Entscheidungen bringt Informationen über die Hintergründe und diese wiederum geben Aufschluss darüber, welche Informationen für den Abgleich mit der Wahrnehmung der Kunden in Erfahrung zu bringen sind. Zusätzlich können Verbesserungsvorschläge seitens der Kunden erfragt werden. Wie Sie den internen Prozess starten können, zeigt folgende Vorgehensweise:

	Projekt-Ablauf
1.	Grundvoraussetzung der Veränderungsbereitschaft schaffen
2.	Verantwortlichkeiten für die Durchführung festlegen
3.	Die Strategie, das Angebot und den Service aus interner Sicht klären
4.	Einbindung aller Beteiligten planen und sicher stellen
5.	Abgleich der internen Sicht mit der Kundensicht durch Fragebogen
6.	Auswertung der Fragebögen
7.	Prioritäten setzen für die anstehenden Maßnahmen und Veränderungen
8.	Überprüfung des Nutzens

Abb. 23: Projektablauf einer Kundenzufriedenheitsbefragung

> Um den Kunden für das Unternehmen Nutzen bringende Fragen stellen zu können, ist im Vorwege ein Prozess der internen Klärung bezüglich der Unternehmensstrategie notwendig

Um Entscheidungen bezüglich der Geschäftsstrategie treffen zu können, sind geschlossene Fragen, die ausschließlich mit »Ja« oder »Nein« zu beantworten sind, eine gute Möglichkeit. Die Informationen zu den Hintergründen der Entscheidungen können dann durch offen formulierte Fragen in Erfahrung gebracht werden. Diese Frageform beginnt mit den Fragewörtern »wie, was, womit, wofür, wodurch, welche«.

Um der vorangegangenen Theorie auch Praxisnähe zu verleihen, stellen wir im Folgenden beispielhaft dar, wie die Fragen für den Fragebogen in vier Schritten entwickelt werden können:

Der erste Schritt hat das Ziel, sich über das Angebot aus interner Sicht und der vorhandenen Geschäftsstrategie bewusst zu werden. So werden mit Hilfe der geschlossenen Fragen Entscheidungen gefällt:

Entscheidungsfragen		JA	Nein
Angebot	Ist unser Angebot für unsere Kunden klar und deutlich ersichtlich?		
Service	Bieten wir Serviceleistungen an?		
Kundensicht	Sind unsere Kunden überwiegend zufriedene Kunden?		
Interne Sicht	Sind wir traditionell ausgerichtet?		
Interne Sicht	Sind wir innovativ?		

Abb. 24: Beispiele für Entscheidungsfragen der vorhandenen Geschäftsstrategie

Der zweite Schritt hat das Ziel, mehr Informationen über die Hintergründe der vorhandenen Geschäftsstrategie zu erfahren. Die Entscheidungen werden beleuchtet und analysiert. Wenn ein »Ja« angekreuzt wird, gilt es somit mehr zu erfahren. Hier bietet sich an, offene Fragen zu stellen. Bei einem »Nein« sollte analysiert werden, inwieweit schon eine bewusste geschäftspolitische Entscheidung zu Grunde liegt.

Wird z.B. die Frage »Bieten wir Serviceleistungen an?« mit »Ja« beantwortet, ist es wichtig zu erfahren, welche Art von Serviceleistungen angeboten werden und wodurch diese Leistungen dem Kunden erlebbar gemacht werden. Diese nächste Frage heißt demnach »Wie haben wir unseren Service definiert?« oder »Welche Serviceleistungen bieten wir an?« oder »Wodurch erleben unsere Kunden unseren definierten Service?«

Informationsfragen		Antworten / Informationen
Angebot	Wie sieht zur Zeit unser Angebot aus? Wodurch erkennen unsere Kunden unsere Leistungen?	
Service	Wie haben wir unseren Service definiert? Wodurch erleben unsere Kunden unseren definierten Service?	
Kunden-sicht	Welche Faktoren sind aus unserer Sicht für unsere Kunden besonders wichtig, um Zufriedenheit oder Begeisterung zu erlangen?	
Interne Sicht	Welche Hindernisse könnten für mögliche Veränderungen entstehen?	

Abb. 25: Informationsfragen zu den vorhandenen Leistungen

Wenn bei der Entscheidungsfrage im ersten Schritt ein »Nein« angekreuzt wird, gilt es die Hintergründe zu analysieren. Wird z.B. die Frage »Bieten wir Serviceleistungen an?« mit einem »Nein« beantwortet, ist es wichtig, die Hintergründe zu klären. Es kann durchaus sein, dass aus Gründen der Preispolitik oder der zu geringen Anzahl von Mitarbeitern keinerlei Service angeboten werden soll. Daher stellt sich dann die Frage »Wofür ist es wichtig, dass wir keine Serviceleistungen anbieten?«

Analysierende Fragen		Hintergründe
Angebot	Wofür ist es wichtig, dass unsere Kunden unser Angebot nicht klar kennen?	
Service	Wofür ist es wichtig, dass wir keine Serviceleistungen anbieten?	
Kunden-sicht	Worin kann der Grund für die Unzufriedenheit unserer Kunden bestehen?	
Interne Sicht	Wie wichtig ist uns, stets auf dem »Neuesten Stand« zu sein?	
Interne Sicht	Wie wichtig ist uns, an dem Bestehenden festzuhalten?	

Abb. 26: Analysierende Fragen zur Klärung der Geschäftsstrategie

Den Fragebogen entwickeln

Der dritte Schritt hat das Ziel von den Antworten der internen Fragen zu den Fragen an den Kunden zu gelangen. Die Antworten der Entscheidungsfragen, der Informationsfragen und der analysierenden Fragen geben im Ergebnis Auskunft über das Angebot, die Leistungen und die Firmenstrategie aus der internen Sicht. Diese Sicht ist jetzt mit der Wahrnehmung der Kunden abzugleichen. Es ist in Erfahrung zu bringen, ob das Angebot und der Service auch von den Kunden so wahrgenommen wird, wie es vom Unternehmen gemeint und gewollt ist.

Das Ergebnis der Kundenzufriedenheitsbefragung wird genau darüber Auskunft geben können. Bei größeren Diskrepanzen zwischen der internen Sicht des Unternehmens und der Wahrnehmung der Kunden können entsprechende Maßnahmen eingeleitet werden, um diese Unterschiede zu glätten und durch Kundenzufriedenheit den Unternehmenserfolg zu steigern.

Wird bei der internen Klärung die Frage »Wodurch erlebt unser Kunde unseren Service?« mit der Aufzählung der definierten und eingesetzten Erfolgsfaktoren beantwortet, kann dann die Frage an die Kunden »Wie zufrieden sind Sie mit unserem Service?« oder »Wodurch erleben Sie unseren Service?« Aufschluss darüber ge-

ben, ob die eingesetzten Erfolgsfaktoren die Kunden auch erreichen. Auch Fragen nach den persönlich erlebbaren Service-Momenten können eingesetzt werden. Beispielsweise »Wie zufrieden
sind Sie mit unseren Mitarbeitern?« oder »Wie gefällt Ihnen die
Atmosphäre in unserem Haus?«.

Der vierte Schritt hat das Ziel, sich über die Frageform und den
Umfang der zu erwartenden Antworten zu klären. Die Fragen offen zu gestalten und mit einer Werteskala zu versehen, ist eine gute
Möglichkeit, den Kunden ohne größeren Zeitaufwand zu befragen.
Wird auf die Werteskala verzichtet, ist der Kunde aufgefordert, mit
eigenen Worten seine Meinung zu beschreiben. Es kann durchaus
sein, dass die Motivation der Kunden einen Text zu verfassen, geringer ist, als eine Einschätzung vorzunehmen.

Die Koppelung einer Werteskala mit einem Freitext für Lob und
Kritik, stellt einen Freiraum für den Kunden dar und ist daher
ein empfehlenswerter Weg, an wertvolle Informationen zu gelangen. Die verschiedenen Frageformen wirken auf den Kunden auf
unterschiedliche Weise. Zu bedenken ist, dass die schwarz/weiß-
Sicht der Entscheidungsfragen und die abgeforderte Begründung
der Unzufriedenheit dazu führen können, dass eher ein »Ja« angekreuzt wird.

Die Auswertung der erhaltenen Antworten klärt, welche Maßnahmen für eine Optimierung der Geschäftsstrategie notwendig sind.
Das aufgezeigte Beispiel der Kundenzufriedenheitsbefragung aus
dem Restaurant zeigt sehr konkret gefasste Fragen auf. Bei diesen
eingesetzten Befragungskarten ist eine Auswertung überschaubar.
Es können sowohl Rückschlüsse auf die Zufriedenheit im Umgang
mit den Mitarbeitern, als auch auf die Zufriedenheit mit der Zubereitung und der Schmackhaftigkeit der Speisen oder Hinweise zu
anderen interessanten Aspekten geschlossen werden.

Um mit diesen Erkenntnissen entsprechend sinnvolle Maßnahmen
zu verknüpfen, ist es empfehlenswert, mindestens zwei bis drei Mo-
nate die Informationen zu sammeln und zu bündeln. Bei der an-
schließenden Auswertung wird demnach deutlich, welche Hinweise die höchste Priorität haben sollten. Bei Hinweisen, die keinen
großen finanziellen Aufwand erfordern und einen hohen Verbesse-

Offene Fragen mit Werteskala zum Ankreuzen und Freitext
Wie zufrieden sind Sie mit unserem Service?   ○ Sehr zufrieden ○ zufrieden ○ weniger zufrieden ○ unzufrieden
Wie zufrieden sind Sie mit unserem Angebot?   ○ Sehr zufrieden ○ zufrieden ○ weniger zufrieden ○ unzufrieden
Wie empfinden Sie unsere Mitarbeitern?   ○ Sehr freundlich ○ freundlich ○ weniger freundlich ○ unfreundlich   Lob/Kritik: _____

Abb. 27: Offene Fragen für den Abgleich der internen Sicht mit der Kundenwahrnehmung

Geschlossene Fragen zum Ankreuzen		
Sind Sie zufrieden mit unserem Angebot?	Ja ○	Nein ○
Sind Sie zufrieden mit unserem Service?	Ja ○	Nein ○
Sind Sie zufrieden mit unserem Personal?	Ja ○	Nein ○
Lob/Kritik:		

Abb. 28: Geschlossene Fragen für den Abgleich der internen Sicht mit der Kundenwahrnehmung

rungsnutzen versprechen, ist es wichtig, flexibel zu sein und schnell zu handeln.

Dieses Beispiel ist eine kontinuierliche Form der Kundenzufriedenheitsbefragung. Nach dem Start und der Bündelung der Antworten ist eine monatliche Auswertung grundsätzlich sinnvoll, da sowohl der Einsatz der Erfolgsfaktoren nachgehalten als auch Verbesserungsmöglichkeiten zeitnah bearbeitet werden können. Alternativ dazu können die Ergebnisse auch vierteljährlich oder halbjährlich ausgewertet werden. Der Vorteil besteht in der weniger aufgewendeten Bearbeitungszeit, der Nachteil ist jedoch, dass sich Schwachstellen in der Leistung oder im Service etablieren können und dann natürlich nicht gerade zur Kundenzufriedenheit und Kundenbindung beitragen.

Eine Kundenzufriedenheitsbefragung kann auch als zeitlich begrenztes Projekt gestaltet werden. Z.B. kann einmal im Jahr eine Befragung mit den wichtigsten Themen entwickelt werden mit dem Ziel, Bewertungen seitens der Kunden bezüglich beispielsweise Neuheiten im Angebot zu erhalten.

Tipps:

- Treffen Sie eine Entscheidung über die grundsätzliche Bereitschaft zur Veränderung, in dem Sie sich über mögliche Hindernisse und deren Überwindung gegenüber dem Nutzen Klarheit verschaffen.

- Zeigen Sie Wertschätzung gegenüber Kunden, Gästen und Patienten, indem Sie sie nach ihrer Zufriedenheit über das Angebot, die Leistungen, den Service und der Begegnungsform befragen.

- Konzentrieren Sie sich eher auf wenige Fragen.

- Gestalten Sie Ihre Befragung ansprechend.

- Motivieren Sie Ihre Kunden zum Ausfüllen des Fragebogens mit einer kleinen Aufmerksamkeit und entsprechenden Rahmenbedingungen.

- Sprechen Sie Ihre Kunden direkt an und machen Sie deutlich, wie wichtig Ihnen ihre Meinung ist.

- Unterrichten Sie jeden Beteiligten Ihres Unternehmens von den Ergebnissen und binden Sie alle Mitarbeiter in die anstehenden Maßnahmen ein.

- Entscheiden Sie sich zwischen einer kontinuierlichen Zufriedenheitsbefragung oder einer zeitlich begrenzten Befragung.

- Planen Sie die Zeit und den Aufwand für die Kundenzufriedenheitsbefragung.

- Entscheiden Sie sich für offene Fragen in Kombination mit einem Freitext für Lob und Kritik, um eine differenzierte Bewertung und Anregungen von Ihren Kunden zu erhalten.

- Motivieren Sie ihre Mitarbeiter, die Kunden direkt anzusprechen und sie um das Ausfüllen des Fragebogens zu bitten. Sie schärfen darüber kontinuierlich den Blick für die Wichtigkeit der Qualitätssicherung und die Offenheit, daran stetig zu arbeiten.

- Kommunizieren Sie unbedingt auch das von den Kunden geäußerte Lob und die Zufriedenheit der Kunden mit dem Angebot und der Begegnung mit Ihren Mitarbeitern.

Die Mitarbeiter

> Der Schlüssel zum Kunden sind immer die Mitarbeiter.

Ein Service, der begeisterte Kunden schafft, setzt gut informierte, engagierte und leistungsbereite Mitarbeiter voraus. Um den eigenen Profit zu steigern, benötigen Sie effektive Arbeitsprozesse innerhalb des Unternehmens. Dazu gehört unter anderem auch, eine offene Kommunikationskultur zu schaffen und sie langfristig sicher zu stellen.

Verluste bei der Weitergabe von Informationen an Mitarbeiter innerhalb von Arbeitsprozessen, können für das Unternehmen nicht zu unterschätzende Folgekosten verursachen. Ein schlecht informierter Mitarbeiter geht immer zu Lasten der Gesamtkompetenz des Unternehmens. Diese wahrgenommene Inkompetenz richtet in der Außenwirkung beim Kunden häufig einen großen Schaden an, da der Kunde die von ihm erwarteten Informationen nicht ausreichend erhält. Dadurch kann das Vertrauen in die Kompetenz aller Mitarbeiter möglicherweise in Frage gestellt werden. Gut informierte und begeisterte Mitarbeiter sind die Basis, um wertvolle und andauernde Kundenbeziehungen zu gestalten. Deshalb ist es sinnvoll, immer wieder zu hinterfragen, wie gut die interne Informationsvermittlung funktioniert und welche Verbesserungen vorzunehmen sind. Das größte Erfolgspotenzial in Unternehmen sind die Mitarbeiter, um die definierten Erfolgsfaktoren für den Kunden erlebbar machen zu können. Für die Wahrnehmung der Service-Momente sind ausschließlich die Menschen verantwortlich. Daher ist die Qualifikation der Mitarbeiter entscheidend. Nicht alle Mitarbeiter sind für den direkten Umgang mit Kunden auch wirklich gut geeignet. Vorrangige Führungsaufgabe ist es also, zu erkennen, welche Mitarbeiter einen guten und freundlichen Umgang mit den Kunden pflegen. Darüber hinaus sollten die jeweiligen Stärken der Mitarbeiter genutzt und konsequent ausgebaut werden.

Im Folgenden wird betrachtet, welche Eigenschaften für einen kundenorientierten Mitarbeiter notwendig sind und welche Anforderungen sie dann im direkten Kundenkontakt zu erfüllen haben. Mitarbeiter, die im direkten Kundenkontakt stehen, sollten freundlich, zuvorkommend, geduldig, schnell, sowie fachlich und methodisch kompetent sein. Sie können vor allem auch in problematischen Situationen passend agieren. Die Fähigkeiten, den Überblick zu behalten und eigenverantwortlich handeln zu können, sind für die Lösung von kritischen Momenten unabdingbar. Die Mitarbeiter sind demnach in der Lage, Initiative zu entwickeln und zu improvisieren, um dem Kunden zu helfen. Dafür gilt es die Mitarbeiter mit den notwendigen Kompetenzen und Befugnissen auszustatten.

Mitarbeiter, die im Hintergrund für eine zuverlässige Abwicklung des Services verantwortlich sind, sollten ebenso kundenorientiert und engagiert sein. Sie geben den Kollegen im direkten Kundenkontakt die bestmögliche Hilfestellung und Unterstützung. Die Mitarbeiter sollten sich stets bewusst darüber sein, dass ausschließlich sie diejenigen sind, die im direkten Kontakt mit dem Kunden auch Service-Momente vermitteln können. Daher ist es wichtig, dass sie als Vorraussetzung eine Service-Mentalität besitzen. Beispielhaft sind einige Merkmale genannt, die darauf hinweisen, dass ein Mitarbeiter die gewünschte Service-Mentalität besitzt:

- Der Mitarbeiter ist in der Lage, die Betrachtungsweise des Gegenübers nachzuvollziehen und sich entsprechend zu verhalten
- Der Mitarbeiter behandelt seine Kollegen genauso höflich und zuvorkommend wie die Kunden
- Der Mitarbeiter hilft unverzüglich einem Kollegen, der fachlich mit dem Kundenanliegen nicht weiter kommt, damit dies schnell im Sinne des Kunden gelöst werden kann

Mitarbeiter auswählen

Demnach sollten Mitarbeiter gefunden und ausgewählt werden, die zu dem Unternehmen passen und ein entsprechendes Potenzial aufweisen. Die Klarheit der eigenen Strategie und Philosophie des Unternehmens beeinflusst eine erfolgreiche Mitarbeiterauswahl. Bei der Mitarbeiterauswahl lohnt es sich immer dann externe Hilfe einzuholen, wenn eher wenig Erfahrung vorhanden ist, woran Mitarbeiter zu erkennen sind, die eine hohe serviceorientierte Haltung haben. Schließlich kosten personelle Fehlentscheidungen viel Geld und Fluktuation schadet auch dem eigenen Ansehen. Ist man im Unternehmen dagegen sehr sicher, wie die künftigen Mitarbeiter ausgewählt und eingestellt werden sollen, empfiehlt sich eine gute Planung und Vorbereitung des Auswahlverfahrens.
Am Beispiel des folgenden Telefoninterview-Bogens (siehe S. 116) und der folgenden Checkliste können Sie Kriterien festlegen, die für Ihre Mitarbeiterauswahl wichtig sind und diese dann in der für Sie relevanten Reihenfolge gewichten.
Werden Mitarbeiter benötigt, die ausschließlich mit Kunden am Telefon umgehen werden, ist es ratsam, mit den geeigneten Kandidaten vorab ein vorbereitetes Telefoninterview zu führen. Dies sichert die richtige Einschätzung der Stimme und des Sprachmusters am Telefon und gibt erste Aufschlüsse über die Motivationslage.
Es gibt besondere Kriterien, die bei einem Telefoninterview mit einem Bewerber für den Kundenservice besonders zu beachten sind. Dazu gehören beispielsweise:

- Der freundliche und sympathische Klang der Stimme
- Die verständliche und lösungsorientierte Ausdrucksweise
- Die ruhige und gelassene Art in der Beantwortung von kniffligen Fragen
- Die namentliche Ansprache
- Das Einstellen auf den Gesprächspartner, auch wenn dieser hektisch und schnell spricht
- Das Nutzen von positiven Formulierungen und Wörtern wie »Danke, bitte und gerne«

Interviewer:	Datum:
Name, Vorname: Telefon: Anschrift: Geburtsdatum: Bewerbung für folgende Position: Einladung am:	
Einladung zum persönlichen Gespräch ❑ Absage ❑	
Gesprächseinstieg:	Schön, dass Ihnen unsere Anzeige aufgefallen ist Ich freue mich, dass Sie sich für eine Tätigkeit in der ... interessieren (Optional: Was reizt Sie besonders an dieser Tätigkeit in der ...
Klärende Fragen:	zum Lebenslauf: _____ derzeitige Beschäftigung: _____ warum Wechsel?_____ Ausbildung: _____ Praktische Erfahrungen: _____
Überleitende Fragen:	Welche Fähigkeiten halten Sie für Mitarbeiter in diesem Bereich für wichtig? _____ Welche der genannten Fähigkeiten würden Sie für uns mitbringen? _____
Gehaltswunsch:	Starttermin:

Erster Eindruck aus dem Telefongespräch:			
Sympathische Stimme:	☺	😐	☹
Freundlichkeit:	☺	😐	☹
Sprachliches Ausdrucksvermögen:	☺	😐	☹
Offenheit:	☺	😐	☹
Interesse gezeigt:	☺	😐	☹
Gesamteindruck:	☺	😐	☹

Abb. 29: Beispiel eines Telefon-Interview-Bogens zur Vorauswahl von Mitarbeitern

Fallen all diese Kriterien beispielsweise nach einem Telefoninterview positiv aus, sind schon sehr gute Voraussetzungen für einen
künftigen Job im Telefonservice erbracht. Dann kann es sich auch
lohnen, diesen Mitarbeiter zum Vorstellungsgespräch einzuladen.

Bevor nun neue Mitarbeiter eingestellt werden, kann es auch interessant sein, das bereits bestehende Servicepotenzial vorhandener
Mitarbeiter zu ermitteln. Anhand einer Stärken- und Schwächen-
analyse lassen sich dann die geeigneten Optimierungsansätze finden.
Hierbei empfiehlt es sich vorrangig darauf zu achten, wer bereits
besonders gut mit Kunden umgehen kann. Vorhandene Ressourcen zu stärken, ist oft einfacher und kostengünstiger als die mühe-
volle Suche nach neuen Mitarbeitern. Daher ist es empfehlenswert,
zu prüfen, wer bereits die fachliche und methodische Kompetenz

Name, Vorname:	
Datum:	
Was heißt für Sie, dem Kunden hervorragenden Service zu bieten?	
Erzählen Sie mir von einem Fall, in dem Sie für den Kunden mehr als Ihre Pflicht getan haben.	
Was ist an unserer Kundenorientierung besonders auffällig?	
Im Umgang mit Menschen haben wir alle unsere müden Phasen. Wie bewahren Sie Ihre Frische und Begeisterung?	
Wie gehen Sie mit schwierigen Kunden um?	
Anlass des Interviews :	
Mitarbeiter:	

Abb. 30: Fragebogen zur Ermittlung der inneren Haltung von Service-
mitarbeitern

Mitarbeiter:		Serviceangebot:				
Fachliche Kompetenz	☑	Umgang mit Kunden ☑	Bestehende Defizite	Mögliche Maßnahmen	bis wann	durch wen
kann Leistung vollständig erbringen		Ist freundlich und zuvorkommend				
ist akkurat in der Aufgabenerfüllung		geht auf den Kunden ein				
kennt Hintergründe		kann zuhören				
kann Zusammenhänge erklären		kann sich dem Kunden gegenüber verständlich ausdrücken				
kann unerwartete und unbekannte Probleme spontan lösen		ist unter Stress nicht gereizt				
		ist korrekt im Umgang				

Abb. 31: Checkliste zur Überprüfung der Qualifikation im Kundenservice

besitzt, um den Service beim Kunden umzusetzen. Die folgenden Checklisten können dazu dienen, sowohl die innere Haltung von Mitarbeitern gegenüber ihrer Einstellung zum Kundenservice als auch ihre persönlichen Stärken und Verbesserungspotenziale zu ermitteln (Abb. 30 und 31, S. 118).

Fachlich kompetente Mitarbeiter könnten beispielsweise noch im Bereich der sozialen Kompetenz und im Umgang mit Kunden geschult werden. Andere wiederum benötigen noch Maßnahmen zur

Verbesserung der fachlichen Kompetenz. In jedem Fall sollten die Mitarbeiter fachlich und methodisch unterstützt werden. Gerade diejenigen, die im ständigen Kundenkontakt stehen und sich oft der Beschwerden von den Kunden annehmen, benötigen Unterstützung, Wertschätzung und Loyalität seitens der Unternehmensleitung.

Weitere Faktoren zur Vermittlung von Servicequalität sind beispielsweise das ordentliche Auftreten, das einheitliche kundenorientierte Verhalten, das Tragen von Namensschildern und die Vorbildfunktion der Führungskräfte. Diese Kriterien sind mit den Mitarbeitern zu besprechen und vor allem auch zu trainieren.

Zusammenfassend sind folgende Fähigkeiten der Mitarbeiter im serviceorientierten Umgang mit Kunden besonders wichtig:

Kommunikative Kompetenz	Sie umfasst die Fähigkeiten, richtig zuzuhören und die Gesprächebene mit dem Kunden zu finden.
Lösungsorientierte Kompetenz	Sie umfasst die Fähigkeit, Kunden dazu zu ermuntern, ihre Fragen, Beanstandungen oder Probleme direkt mitzuteilen und individuelle Lösungsansätze zu finden.
Fachliche Kompetenz	Sie umfasst die Fähigkeit, das Kundenanliegen qualitätsbewusst, zeitnah und kulant bearbeiten zu können.

Abb. 32: Zusammenfassung der Fähigkeiten eines kundenorientierten Mitarbeiters

In der folgenden Checkliste finden Sie eine Anleitung, um das grundlegende Serviceverhalten zu definieren. Diese Checkliste sorgt für Klarheit im Umgang mit den Kunden und verfolgt das Ziel der Einheitlichkeit. Vor allem vermittelt sie auch den Mitarbeitern Sicherheit. Die dort genannten Kriterien prägen wiederum das Serviceverständnis und können Teil der Servicephilosophie werden. Sowohl die festgelegten Arbeitsstandards als auch die Prozessstandards machen deutlich, dass interne Absprachen nach außen wirken.

Situation	Wie verhalten wir uns? Arbeits-standards	Was ist dafür not-wendig? Prozess-standards
Wie melden wir uns am Telefon?		
Was sagen wir, wenn der Kunde sich beschwert?		
Wie treten wir bei einem Kundenbesuch auf?		
Wie entschuldigen wir eine Panne?		
Wie zeigen wir dem Kunden, dass wir uns so schnell wie mög-lich um sein Anliegen kümmern?		
Was muss passieren, wenn das Büro oder die Hotline nicht besetzt ist?		

Abb. 33: Checkliste zur Definition der Grundlagen im Serviceverhalten.

Tipps:

- Überlegen Sie gemeinsam mit Ihren Mitarbeitern, welche Kompe-tenzen im Einzelnen noch ausbaufähig sind.

- Machen Sie Ihre Mitarbeiter »fit for job« indem Sie beratend, lobend aber auch kritisch zur Seite stehen.

- Bieten Sie Ihren Mitarbeitern neben Ihrer persönlichen Hilfe auch Schulungsangebote zur Stressbewältigung und Selbstmotivation an.

- Diskutieren Sie mit Ihren Mitarbeitern, wie ein sauberes und ordent-liches Auftreten gegenüber Kunden gewährleistet werden kann.

- Gehen Sie mit einzelnen Mitarbeitern die Probleme durch, die Ihnen aufgefallen sind und lassen Sie sich ebenfalls Vorschläge machen, wie man das Thema bestmöglichst im Sinne des Kunden löst.

- Diskutieren Sie mit Ihren Mitarbeitern, welches einheitliche Ver-halten den Kunden am besten anspricht und überzeugt und worin der größtmögliche Nutzen liegt.

- Legen Sie gemeinsam mit Ihren Mitarbeitern Regeln fest, die von allen im persönlichen und telefonischen Kundenkontakt eingehal-ten werden.

- Legen Sie fest, um welche Schlüsselqualifikationen Sie sich in welchem zeitlichen Rahmen gemeinsam kümmern und wie Sie neu antrainierte Verhaltensweisen üben wollen.
- Besprechen Sie, welche Hilfsmittel ihr Mitarbeiterteam eventuell dazu noch benötigt.
- Gehen Sie immer mit gutem Beispiel voran und motivieren, überzeugen, helfen Sie.

Die Mitarbeiter führen und begeistern

Erich Kästner sagte einmal: »*Es gibt nichts Gutes, außer man tut es.*« Und dieses Zitat verdeutlicht, dass eine hohe Servicequalität, die begeisterte Kunden hervorbringt, kein Zufallsprodukt ist, das vom Management lediglich an die Mitarbeiter delegiert werden kann. In der Wirkungskette zur Entstehung einer Servicephilosophie bedarf es einer konsequent operierenden Führung, die diese Philosophie positiv vorlebt und stetig weiterentwickelt. Parallel dazu sind flache Hierarchien mit entsprechenden Kompetenzspannen der Mitarbeiter eindeutig im Vorteil gegenüber einer tradiert hierarchisch geführten Struktur. Diese erfordern oft Rücksprachen und nehmen viel Zeit in Anspruch, in der der Kunde warten muss.
Die Erfahrungen haben gezeigt, dass die kundenorientierte Ausrichtung des Managements wesentlich für die Mitarbeiterführung ist. Das Führungsverhalten ist demnach die Einflussgröße, die das kundenorientierte Verhalten der Mitarbeiter stark beeinflusst und auch prägt. Dieser Schlüsselrolle werden vor allem Führungskräfte gerecht, die sowohl leistungs- als auch mitarbeiterorientiert führen können, und dabei die Kundenzufriedenheit als Richtschnur ihres Handelns anlegen.
Ein optimales Führungsverhalten im Kundenservice bezieht sich demnach auf drei Aspekte gleichermaßen. Das kundenorientierte Handeln vorzuleben, das ziel- und leistungsorientierte Handeln und das mitarbeiterorientierte Handeln. Die Ausgewogenheit innerhalb dieser drei Aspekte wird von den unterschiedlichen Führungsstilen und Führungstypen differenziert geprägt.

Das kundenorientierte Führungsverhalten kann an folgenden Merkmalen erkannt werden:

- Die serviceorientierte Vorbildfunktion wird ausgeübt
- Kundenorientiertes Verhalten von Mitarbeitern wird erkannt und honoriert
- Die Bedeutung der Kundenzufriedenheit für das Unternehmen wird häufig gegenüber den Mitarbeitern thematisiert

- Der Zusammenhang von Kundenzufriedenheit und eigener Zufriedenheit wird den Mitarbeitern immer wieder verdeutlicht
- Verhaltensweisen von Mitarbeitern, die nicht kundenorientiert sind, werden kritisiert
- Mitarbeitern wird eine Hilfestellung und Anleitung zur Verbesserung gegeben
- Kundenorientierte Mitarbeiter werden besonders gefördert und bestärkt

Die Merkmale für ein ziel- und leistungsorientiertes Führungsverhalten können beispielsweise sein:

- Ziele und Richtwerte des Unternehmens werden allen Mitarbeitern regelmäßig bekannt gegeben
- Den Mitarbeitern werden klare Ziele gesetzt
- Die Zielerreichung wird regelmäßig am Ergebnis bewertet
- Aufgaben werden sinnvoll zwischen den Mitarbeitern delegiert und verteilt
- Mitarbeiter werden zu besonderen Leistungen angespornt
- Gute Leistungen werden anerkannt und honoriert
- Schlechte Leistungen werden kritisiert
- Dringende Entscheidungen werden nicht aufgeschoben, sondern zeitnah herbeigeführt

Folgende Merkmale drücken das mitarbeiterorientierte Führungsverhalten aus:

- Auf die Wünsche und Belange von Mitarbeitern wird im Rahmen der Möglichkeiten eingegangen
- Die Mitarbeiter erfahren persönliche Wertschätzung
- Die Ideen und die Initiative von Mitarbeitern wird gefördert
- Bei Mitarbeitergesprächen wird eine gute Gesprächsatmosphäre hergestellt
- Mitarbeiter werden in schwierigen Situationen nicht allein gelassen
- Teamarbeit wird gefördert
- Mitarbeiter partizipieren im Rahmen der Möglichkeiten an Entscheidungsprozessen

Für Führungskräfte im Dienstleistungsbereich ist es heute üblich, dass das Führungsverhalten regelmäßig bewertet und analysiert wird. Dies ist ein notwendiger Bestandteil zur Sicherung der Erfolge. Häufig ist die Zufriedenheit von Kunden und Mitarbeitern, sowie der jeweilige Erreichungsgrad von Zielen, die Bemessungsgrenze für den variablen Vergütungsanteil im Gehalt von Führungskräften.

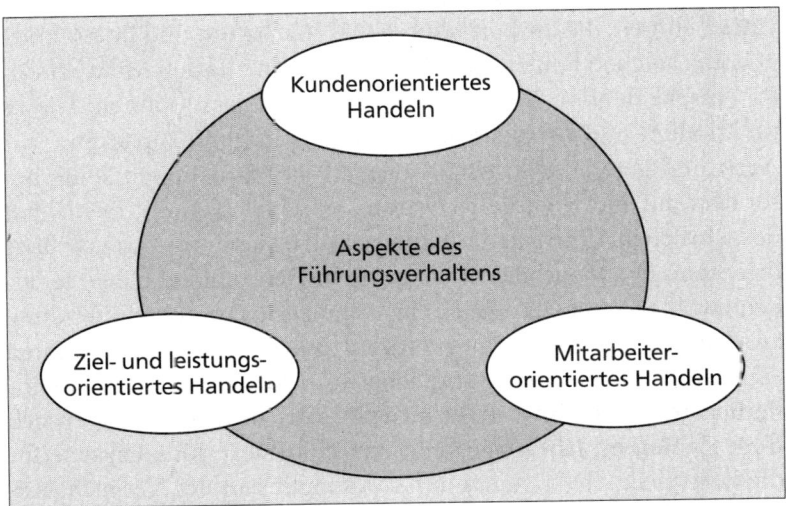

Abb. 34: Die Ausgewogenheit der Aspekte des Führungsverhaltens

Ein Beispiel:

...Ein renommiertes Wellness- und Kongresshotel läuft finanziell deutlich besser, seitdem der 23-jährige Manager vor einem Jahr das Ruder
übernommen hat. Wegen seines Alters wird er von anderen Hoteldirek-
toren »schon mal schief angekuckt«; weil er die Dinge ›anders‹ macht
als branchenüblich; und weil er auch mal kräftig mit anpackt. Er hat
vor ein paar Jahren selbst noch hinter der Theke gestanden, war dann
Food-and-Beverage (F&B) Manager und nimmt noch heute persönlich
den Telefonhörer an der Rezeption ab...

Wenn der junge Manager heute mit ansieht, wie der Barchef und seine Mitarbeiter wegen 35 nach Cocktails dürstenden Jugendlichen ins
Schwitzen kommt, kann er es sich nicht verkneifen, selbst mit anzu-
packen. Hier mit ein paar Früchten den Cocktail dekoriert, dort ein
paar Schalen mit Chips gefüllt, aber immer so, dass er nicht dabei im
Weg steht. Klar kommt er dabei nicht mehr so ins Schwitzen wie früher,
aber er vermittelt damit eine ›andere‹ Arbeitsatmosphäre und Respekt
vor der Leistung seiner Mitarbeiter. Flache Hierarchie heißt das Stich-
wort... Noch vor kurzem hat er einen ganzen Nachmittag lang unseren
Barchef vertreten, sagt ein Mitarbeiter...

Meldungen wie diese beschreiben die Erfolgsgeschichten von heute.
Unternehmen, die ihr kontinuierliches Wachstum und ihre Markt-
position solchen Führungskräften verdanken, die den Mitarbeitern
im entscheidenden Moment immer noch zeigen können, wie es
funktioniert und vor allem auch einmal kräftig mit anpacken.
Auch und gerade in kritischen Zeiten und Situationen sollte besonders auf die Mitarbeiterführung geachtet werden. Denn laut
der jährlichen Umfrage der Unternehmensberatung GALLUP über
den Stand der Mitarbeitermotivation in Deutschland haben lediglich zwölf Prozent der Mitarbeiter eine hohe emotionale Bindung
an den Arbeitgeber. Siebzig Prozent machen den so genannten
»Dienst nach Vorschrift« und achtzehn Prozent haben bereits innerlich gekündigt. Im Vergleich zu den Vorjahreswerten haben sich
diese Zahlen im Jahr 2003 weiter verschlechtert. Eine Ursache für
die kostspielige Demotivation ist womöglich in der Vernachlässi-
gung der Mitabeiterführung zu finden.

So sind motivierte Mitarbeiter durchschnittlich fünf Tage und de-
motivierte Mitarbeiter rund elf Tage pro Jahr krank. Betrachtet man
die daraus resultierenden Folgekosten für entgangene Geschäfte
und frustrierte Kunden, dürften diese beträchtlich sein.
Um die Servicephilosophie den Kunden spüren zu lassen, gilt es,
die Mitarbeiter durch eine ausgewogene Führung zu fördern und
zu begeistern. Klare Absprachen und vorbildliches Handeln drin-
gen letztlich immer wieder zum Kunden durch.

Mitarbeiter an das Unternehmen binden

Genau wie bei der Kundenbegeisterung kommt es bei der Begeisterung von Mitarbeitern auch darauf an, den Menschen grundsätzlich wertzuschätzen. Sobald sich alle Unternehmen diese Erkenntnis nutzbar machen, werden große Chancen zu mehr zufriedenen
Kunden- und Mitarbeiterbeziehungen frei gesetzt. Durch die entsprechende Unternehmensphilosophie und das vorbildliche Verhalten der Führung kann Deutschland eventuell ähnliche Ergebnisse
bei der GALLUP-Befragung erreichen, wie derzeit die Unternehmen
in Kanada oder den USA. Dort gehen immerhin vierundzwanzig
bis dreißig Prozent der Mitarbeiter motiviert und engagiert zur Arbeit. Denn der Kunde spürt an der Art und Weise des Kontaktes, ob
er gerade stört oder dem Mitarbeiter willkommen ist.
Besonders in Krisenzeiten heißt es, Mitarbeiter zu motivieren und
zu begeistern, denn in schwierigen wirtschaftlichen Zeiten fühlen
sich die Mitarbeiter eher ängstlich und verdrossen, da sie sich nicht
sicher sein können, ihren Arbeitsplatz zu behalten. So kann der erste Schritt zur Motivation sein, der häufig existierenden Demotivation ein Ende zu setzen und einer weiteren vorzubeugen.
Dem Mitarbeiter gilt es soviel Sicherheit wie möglich zu geben und
gemeinsam mit ihm die schwierige Situation zu meistern. Es gilt,
ihn in die Verantwortung zu nehmen und ihn herauszufordern,
sein Bestes zu geben. Und dabei die bestmöglichste Unterstützung
und Förderung anzubieten. Das kann ein Weg sein, dem Jammer
und der Demotivation entgegenzuwirken. Gut informierte Mitar-

beiter, deren Einsatz gewürdigt und anerkannt wird, die unter positiven Rahmenbedingungen und keinem internen Konkurrenzdruck arbeiten, verfügen über eine gute Basis, um Servicequalität zu bieten.

Um begeistert und engagiert arbeiten zu können, sollten die Mitarbeiter sich auch körperlich wohl fühlen. Kleinere Unternehmen haben den Vorteil, individueller auf ihre Mitarbeiter eingehen zu können. Größere Unternehmen bieten dagegen meist eine bessere Bezahlung und zusätzliche Leistungen. Bei diesen Faktoren gibt es eine kritische Größe, die nicht unterschritten werden darf. Die Balance zwischen Geben und Nehmen muss erhalten sein, damit der Mitarbeiter den Anforderungen auch gerecht werden will und sich nicht verweigert. Für das Empfinden der Mitarbeiter spielt natürlich auch das Vertrauen zum Arbeitgeber eine große Rolle, die wie bei den Kunden die Loyalität als höchstes Gut aufweist. Ein loyaler Mitarbeiter wird grundsätzlich hundert Prozent seiner Arbeitskraft dem Unternehmen zur Verfügung stellen und imagefördernd ausschließlich Gutes berichten.

Es gibt drei Bausteine, um die Mitarbeiterzufriedenheit zu erhöhen.

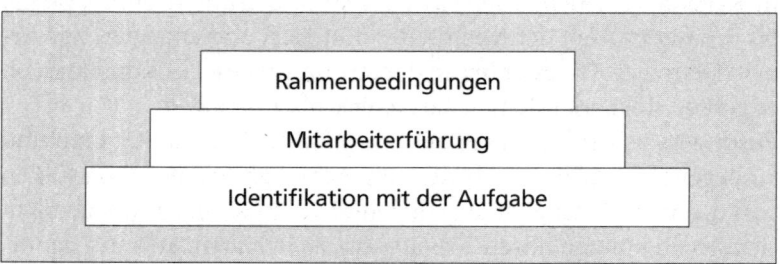

Abb. 35: Die drei Bausteine der Mitarbeiterzufriedenheit

Der erste Baustein zur Mitarbeiterzufriedenheit umfasst die Rahmenbedingungen, die sowohl ein körperliches als auch ein materielles Wohlbefinden ermöglichen. Dazu gehört eine angemessene Bezahlung, gute Arbeitsbedingungen wie z.B. die Infrastruktur, ein möglichst gesicherter Arbeitsplatz, Flexibilität innerhalb der Arbeitszeiten, Kundenzufriedenheit und ein angenehmes Betriebsklima.

Motivation entsteht meistens dann, wenn auch das geistige und emotionale Umfeld stimmt. Mitarbeiter, die das Gefühl haben, ihre eigene Arbeit mitgestalten zu können, handeln besonders umsichtig und arbeiten effektiv.

Der zweite Baustein leitet sich aus einer guten Führung ab. Sie kann zum geistigen und emotionalen Wohlbefinden des Mitarbeiters entscheidend beitragen und beinhaltet klare Ziele, Aufgaben und Rollenverteilung, gute Informationsvermittlung, die Möglichkeiten zur Mitgestaltung, ein gutes Betriebsklima, die Anerkennung für gut geleistete Arbeit, Weiterbildungsangebote und eine sehr hervorragende Kundenresonanz.

Der dritte Baustein für begeisterte Mitarbeiter ist das seelische Wohlbefinden. Dazu trägt vor allem die Einstellung bei, einer sinnvollen Arbeit nachzugehen. Aber auch die persönliche Freiheit und Verantwortung sowie die Möglichkeit zur Entfaltung der eigenen Talente schaffen eine Vertrauenskultur, in der auch Kunden zu Vertrauten werden.

Die Identifikation der Mitarbeiter mit dem Unternehmen setzt in diesem Schritt auch deren seelisches Wohlbefinden voraus. Dies ist die Grundlage für wirkliche Begeisterung und führt zu dem oft geforderten Zustand, dass sich Mitarbeiter als Mitunternehmer verstehen. Dieser Zustand kann jedoch nicht einfach eingefordert werden, sondern ist schrittweise zu entwickeln.

Um die Mitarbeiter wirklich leistungsfähig und engagiert einzusetzen und zu erhalten, rückt also die Fähigkeit der Führungskräfte, zu führen und zu motivieren immer wieder in den Fokus der Betrachtung.

In der fachlichen Ausbildung werden leider die Aspekte wie Führungsstile, Kommunikation und soziale Kompetenz eher wenig vermittelt. Diese Inhalte sind jedoch auch erlernbar, trainierbar und messbar. Oft obliegt dann dem Unternehmen die Verantwortung, seine Mitarbeiter entsprechend zu fördern.

Die Grundvoraussetzung für eine passende Maßnahme stellt eine Zustandsermittlung, eine Ist-Analyse durch interne und externe Befragungen dar. Anschließend stehen mehrere Möglichkeiten zur Qualifikation zur Verfügung:

- Seminare, die entsprechendes Wissen vermitteln und trainieren
- Coaching, das besonders praxisorientiert auf die individuellen Bedürfnisse zugeschnitten ist und eine Begleitung in den Arbeitsprozessen bedeuten kann
- Auditoring, das Mitarbeiter durch eine externe Begutachtung zertifiziert oder prämiert

So geht jeder qualitativen Maßnahme zunächst eine Zustandsermittlung voraus. Dieser aktuelle Status Quo dient dazu, festzustellen, in welchen Bereichen der konkrete Handlungsbedarf besteht. In diese Ermittlungen können sowohl die Mitarbeiter als auch die Kunden einbezogen werden. Die Ergebnisse von Mitarbeiterbefragungen und Mitarbeitergesprächen zeigen beispielsweise eine direkte Rückmeldung zur Führungsqualität und den Stand der Motivation der Mitarbeiter auf.

Praktisches und fachliches Wissen kann in individuell passenden und anwendungsorientierten Seminaren erlernt werden. Im »Training on the Job« können Mitarbeiter die gelernten Inhalte unter professioneller Beobachtung und Anleitung umsetzen und mehr Sicherheit in der Anwendung gewinnen.

Das Training von Führungskräften kann vor Ort auch in Form eines individuellen Coachings im Alltag erfolgen. Dabei finden konkrete Fälle Betrachtung und Unterstützung. Empfehlenswert ist es, diese Maßnahmen in ein Gesamtkonzept zu betten, die das schrittweise Erlernen der jeweils passenden Führungstechniken ermöglicht. Die permanente Fokussierung auf die eindeutige Vorbildfunktion jeder Führungskraft und die dafür notwendige Selbstreflexion, sollten die Maßnahmen begleiten.

Um die eigenen Leistungen dann objektiv zu bewerten, können externe Auditoren das Unternehmen und das eigene Leistungsspektrum zertifizieren und prämieren. Es gibt viele Möglichkeiten, an anerkannten Wettbewerben teilzunehmen. Der »TopJob-Preis« des deutschen Mittelstandes wird beispielsweise jährlich vergeben. Eine TQM-Zertifizierung (total quality management) hingegen ist ein unternehmerisch aufwendigerer Prozess, der auf eine längere Periode – in der Regel fürf Jahre – ausgerichtet ist. Viele Branchen hingegen bieten fachspezifische Wettbewerbe wie beispielsweise den »Call Center-Award«, der ebenfalls jährlich vergeben wird.

Findet die Bedeutung der Rahmenbedingungen, der Führung und die Identifikation mit der Aufgabe Beachtung in der Unternehmensphilosophie, können diese Faktoren die Mitarbeiter zufrieden und loyal werden lassen und somit dem Unternehmen mit all ihren Qualifikationen lange erhalten bleiben.

SERVICEQUALITÄT TROTZT DEM WETTBEWERB

Im folgenden Kapitel geht es um die Klärung der Fragen, welcher Nutzen aus der Optimierung der Servicequalität zu ziehen ist und ob sich der entsprechende Aufwand lohnt. Wir setzen den Schwerpunkt auf die Vorteile, die einerseits die Servicequalität sichern und andererseits die kontinuierliche Steigerung von Umsätzen ermöglichen. In diesem Zusammenhang gehen wir auch auf den zu erwartenden Aufwand ein, der beispielsweise mit der Auswahl und Qualifizierung von serviceorientierten Mitarbeitern verbunden sein kann. Wir verzichten dabei bewusst auf Berechnungsmodelle, da diese sehr individuell aufzustellen und weniger beispielhaft zu nutzen sind.

Der nächste Schritt für die Wettbewerbsfähigkeit liegt nahe – wandeln Sie Ihre zufriedenen Kunden in begeisterte und loyale Kunden. Dieser Wandel verfolgt das Ziel, die Kundenbindung perspektivisch sicher zu stellen. Sie erhalten in diesem Buchabschnitt Hinweise und Tipps, wie Sie Kunden zurückgewinnen und darüber hinaus erneut begeistern können. Zur Kundenbindung beschreiben wir Ihnen ebenfalls einige Aspekte der externen Kommunikation im schriftlichen Kundenkontakt. Dazu zählen auch die Nutzungsmöglichkeiten des Internets.

Chancen für mehr Umsatz

Unter unternehmerischen Gesichtspunkten ist zu betrachten, welche Investitionen in die Verbesserung der Servicequalität sich für den Geschäftserfolg lohnen. Es liegt auf der Hand, nach exakt quantifizierbaren Messgrößen, die die Planung der Investitionen überschaubar und ein mögliches Risiko kalkulierbar machen, zu suchen. Denn am Anfang eines Optimierungsprozesses ist in der

Regel ein zeitlicher und materieller Aufwand notwendig. Umso verständlicher ist daher der Wunsch nach Aufwandseinschätzung und Planungssicherheit. Nicht selten wird ein Optimierungsprozess erst ausgelöst, wenn bisherige Zustände oder Abläufe nicht zur Zufriedenheit der Kunden geführt haben und Umsatzrückgänge die Folge waren.

Nicht alle Unternehmer verstehen eine kontinuierliche Optimierung und Verbesserung der eigenen Leistung als einen selbstverständlichen, permanenten Auftrag an sich selbst, sondern lösen erst eine Serviceoptimierung als Reaktion auf mögliche Missstände aus. Das heißt, vor dem Prinzip einer möglichen Gewinnmaximierung waltet allgemein das Prinzip einer schnellstmöglichen Schadensbegrenzung. Ein möglicher Schaden im Sinne von verlorenen Kunden ist unternehmerisch grundsätzlich quantifizierbar.

Eine mögliche Motivation zur Verbesserung liegt also darin begründet, weniger Kunden zu verlieren und sich im nächsten Schritt der Kundenbindung zu widmen. Das bedeutet letztlich eine Stabilität der Kundenbeziehungen zu entwickeln und zu sichern.

Investitionen, die sich lohnen

Verschiedenste empirische Studien können mittlerweile belegen, dass deutsche Unternehmen den Zusammenhang zwischen einer verbesserten Servicequalität und den Umsatzchancen bereits für sich erkannt haben. Beispielsweise lautete das Ergebnis einer Untersuchung zur Servicequalität in Kundenbeziehungen (Customer-Relationship-Management-Studie der Unternehmensberatung MUMMERT CONSULTING AG aus dem Jahre 2002), dass die Servicequalität deutscher Unternehmen kontinuierlich steigt. Weiterhin bewertet diese Untersuchung, wie dienstleistende Unternehmen ihre Kunden gewinnen und an sich binden. Hierbei wurden vierundsechzig Dienstleistungsunternehmen aus den Branchen Kreditwesen, Versicherungen, Telekommunikation und Energiewirtschaft untersucht, um weitere Optimierungsansätze und Handlungspotenziale aufzuzeigen. Demnach investieren Unternehmen sehr erfolgreich in die Verbesserung ihrer Serviceleistungen. Sie verbesserten sich im Ergebnis um durchschnittlich vier Prozentpunkte zu den Vorjahreswerten.

Telekommunikationsunternehmen erfüllen demnach achtundsechzig Prozent der Anforderungen an ein ausgezeichnetes Kundenmanagement. Und diese Zahl verwundert, denn sicher haben auch viele Menschen andere Erfahrungen gemacht und kennen eher negative Geschichten. Dieses beruht nun einmal auf der Tatsache, dass negative Erlebnisse eher erzählt werden als Erfahrungen, die einen lediglich zufrieden gestellt haben. Vielleicht war genau diese Tatsache der Grund für die Telekommunikationsunternehmen in die Verbesserungen zu investieren, denn es galt einen Imageschaden zu begrenzen.

Die Studie untersuchte die Anforderungen wie die Freundlichkeit im Kundenumgang, die Schnelligkeit und Transparenz in den Prozessen sowie die Kompetenz und Effektivität von Beratungsleistungen. Das Ergebnis ist erstaunlich und diese Branche liegt somit über dem Durchschnitt deutscher Dienstleistungsunternehmen, die immerhin zu zweiundfünfzig Prozent den gewünschten Anforderungen gerecht werden. Als Spitzenreiter im Jahreswert zeigte sich die Energiewirtschaft mit einer Steigerung von sechzehn Prozent. Die Kreditinstitute holten insgesamt zwar einen Prozentpunkt auf, schnitten aber mit sechsundvierzig Prozent der zu erfüllenden Erwartungen am schlechtesten ab. Es wurde herausgearbeitet, dass sie bei der Erfolgskontrolle noch Nachholbedarf haben. Trotz der positiven Verbesserungsansätze haben die Unternehmen ihre Möglichkeiten noch nicht vollständig ausgereizt. Ergebnisse von sechsundvierzig bis achtundsechzig Prozent zeigen exemplarisch, dass das Kundenmanagement weiterhin zu optimieren ist.

Die wirtschaftliche Situation verlangt von den Unternehmen, die eigenen Leistungen permanent zu verbessern, um konkurrenzfähig zu bleiben. Die angespannten Marktverhältnisse räumen den Kunden eine kritische Haltung ein, was dazu führt, dass Kundenzufriedenheit allein heute nicht mehr automatisch zur Kundenbindung ausreicht. Es ist häufig ungleich schwieriger einen neuen Kunden zu gewinnen, als einen vorhandenen Kunden zu halten.

Kundenzufriedenheit ist somit ein sehr wertvoller Faktor für der
unternehmerischen Erfolg. Andererseits sind die Bemühungen,
neue Kunden zu gewinnen häufig um ein Vielfaches höher als der
Versuch, die Zufriedenheit eines bestehenden Kunden zu erhöhen.
Eigene Erfahrungen haben beispielsweise gezeigt, dass die Akquisi-
tionskosten für die Neukundengewinnung im Versandhandel rund
acht Mal höher liegen als die Kaufaktivierung eines Bestandskunden.
Zu beachten ist jedoch, dass sowohl die Gewinnung von Neukunden als auch die Bindung vorhandener Kunden unternehmerisch
relevant sind. Dennoch scheint es bei diesen Faktoren ein Missver-
hältnis zu Lasten der Kundenzufriedenheit und Kundenbindung zu
geben. Neue Produkte und Dienstleitungen werden nachweislich
bei bestehenden Kunden mit erheblich weniger Kosten verkauft als
vergleichbare Geschäfte mit Neukunden. Und diese Tatsache gilt
sowohl für große als auch für kleinere Unternehmen.

> Bestandskunden kaufen mit weniger Aufwand neue Produk-
> te und Dienstleistungen als neue Kunden.

Zufriedene Kunden bringen erfahrungsgemäß über Empfehlungen
im Durchschnitt drei neue Kunden in das Unternehmen. Ein unzufriedener oder enttäuschter Kunde gibt dagegen seine negative
Erfahrung mit dem Unternehmen bis zu fünfzehn Mal an andere
Personen weiter. Ein enttäuschter Kunde gibt jedoch nicht nur seine negativen Erfahrungen weiter, er wird auch künftig woanders
kaufen und stillschweigend zur Konkurrenz abwandern.
Diese Zahlen verdeutlichen, wie wichtig es für das Unternehmen ist,
eine Strategie zu entwickeln, um aus dem gewonnenen Neukunden
künftig einen zufriedenen und begeisterten Kunden zu machen.
Neben der ersten Begeisterung für das Produkt, gilt es dem Kunden
ein stimmiges Preis-Leistungsverhältnis und eine hohe Produktgü-
te gepaart mit der entsprechenden Servicequalität zu bieten.
Ein wesentlicher Baustein für die Servicequalität ist beispielsweise
ein absolut gut funktionierendes Beschwerdemanagement. Hier
liegt insbesondere die Chance, enttäuschten Kunden so zu begeg-

nen, dass sie letztlich dem Unternehmen die Treue halten. Bevor sich ein Kunde jedoch beschweren muss, steht natürlich das Ziel, grundsätzlich die Erwartungen der Kunden zu erfüllen. Die Wünsche, Ideen und Anforderungen der Kunden gehen über ein einwandfreies Produkt hinaus, denn sie erwarten vor allem Aufmerksamkeit in der Beratung, ein gewisses Extra in der Serviceleistung und eine kulante, wertschätzende und lösungsorientierte Regelung im Falle einer Beanstandung.

> Eine der wichtigsten Voraussetzungen zur Schaffung von Servicequalität liegt darin, die Kundenerwartungen genau zu kennen und sie auch zu erfüllen. Darüber erhält der Kunde einen individuellen Nutzenvorsprung.

Nutzen entsteht nicht ohne Aufwand

> Service bedeutet für den Kunden häufig, sich an eine Situation positiv zu erinnern. Dieser Erinnerungswert kann der Kunde durch eine erlebte Überraschung erhalten.

Erlebt ein Kunde bewusst positiv den geleisteten Service, wird er dabei in erster Linie einen emotionalen Vorteil erfahren und erst in zweiter Linie den rationalen Vorteil erkennen. Der immaterielle Nutzen orientiert sich an den Wünschen, Träumen und unbewussten Erwartungen der Kunden, Gäste oder Patienten. Um diesen Erwartungen proaktiv begegnen zu können, ist die kontinuierliche Verbesserung des Angebotes, des Handelns und der Begegnung eine Voraussetzung.

Die Wahrnehmung von Service in der Begegnung mit dem Unternehmen kann in der Bewertung des Kunden zufällig gewesen sein. In der Regel liegt der Erfolg dieser Begegnung in einer Fülle von Faktoren und der individuellen Bewertung seitens des Kunden. Für

das jeweilige Unternehmen sind die Umsetzung von den Erfolgsfaktoren und der Service-Momente mit dem Bewusstsein über die
Wirkung auf den Kunden verbunden und können mit einen finanziellen Aufwand einhergehen.
Die Beispiele im ersten Kapitel haben verschiedenen Möglichkeiten
beschrieben, wie Servicequalität für den Kunden erlebbar gemacht
werden kann. In dem folgenden Beispiel nun geht es um die Abfolge der Begegnungen und deren Wirkung auf den Kunden. Dieses
Beispiel soll verdeutlichen, welcher Aufwand dem Nutzen der eingesetzten Servicequalität gegenübersteht.

Beispiel: Ein Kunde bringt seine Schuhe zum Schuhmacher	
Erster Besuch des Kunden bei einem Schuhmacher	
Kunden-erwartung	Die Schuhe sollen zu seiner vollen Zufriedenheit repariert werden (Angebot: Reparatur)
Worüber der Kunde sich freut	Die Schuhe werden vom Schuhmacher geputzt und der Kunde erhält zusätzlich von dem Schuhmacher Pflegehinweise für das Leder (Erfolgsfaktor und Service-Moment)
Worüber der Kunde positiv überrascht ist	Der Schuhmacher überreicht dem Kunden ein Spezia pflegetuch als Dankeschön (Erfolgsfaktor)
Zweiter Besuch des Kunden bei diesem Schuhmacher	
Kunden-erwartung	Der Schuhmacher soll dem Kunden lediglich Pflege-tipps für ein besonderes Leder geben – der Kunde möchte jedoch nicht unbedingt etwas kaufen (Angebot: Beratung)
Worüber der Kunde sich freut	Der Schuhmacher begegnet dem Kunden genauso freundlich und zuvorkommend wie bei dem ersten Besuch (Service-Moment)
	Er empfiehlt dem Kunden dabei ein spezielles Pflege-produkt und führt dieses dem Kunden an einem Schuh vor (Erfolgsfaktor und Service-Moment)

Ergebnis der Erfolgsfaktoren und Service-Momente		
Nutzen	Einsatz von Servicequalität	Kosten
Der Kunde ist über-zeugt und kauft dar-aufhin das Produkt (Zusatzverkauf)	Erfolgsfaktoren: 1. Es werden grundsätzlich Pflege-hinweise für die Schuhe erteilt. 2. Es gibt ein Spezialpflegetuch als Geschenk für den ersten erteil-ten Auftrag. 3. Grundsätzlich werden Pflege-produkte an einem Schuh vorge-führt.	1. Zeit für die Beratung 2. Spezial-pflegetuch
Der Kunde empfiehlt den Schuhmacher an vier Bekannte weiter. Zwei von ihnen brin-gen ihre Schuhe zu diesem Schuhmacher.	Service-Momente: Der Schuhmacher wird von dem Kunden als freundlich, zuvorkommend und kompetent empfunden.	

Abb. 36: Der bewusste Umgang mit Kundenerwartungen

Würde man den Nutzen, den der Schuhmacher aus seinem kun-denorientierten Handeln ziehen kann, im Sinne von quantifizier-barem Umsatz betrachten, wird schnell deutlich, wie schwierig es ist, diesen Nutzen im voraus eindeutig zu berechnen. Vermutlich wird der Schuhmacher den unmittelbaren Nutzen, den er durch die empfohlenen Neukunden erzielt, erst zeitlich versetzt spüren. Es ist für ihn nicht planbar, wann die Empfehlungskunden tatsächlich zu ihm kommen werden. Er wird auch nicht unbedingt berechnen können, wie viele Empfehlungskunden durch seine Art, das Ange-bot und den Service zu präsentieren zu ihm kommen werden.

Der Aufwand, den der Schuhmacher betreibt, um seinen Kunden rundherum zufrieden zu stellen, ist eher zu quantifizieren. Den Nutzen, den er in Form der Weiterempfehlung und der Neukun-dengewinnung für sich ziehen kann, ist zwar darzustellen, jedoch nicht genau zu planen.

Quantifizierbarer Aufwand	Quantifizierbarer Nutzen
Zeitliche Dauer und benötigte Materialien für die Reparaturleistung.	Der begeisterte Kunde wird künftig wieder die Dienste des Schuhmachers in Anspruch nehmen.
Zeitliche Dauer für die zusätzliche Beratungsleistung des Kunden.	Viermalige Weiterempfehlung dieses Schuhmachers als indirekte Werbeleistung.
Zeitliche Dauer für die Pflege der Schuhe.	Zwei zusätzlich neu gewonnene Kunden.
Bereitstellung von entsprechenden Pflegemitteln.	Zusätzlicher Umsatz.
Bereitstellung eines Pflegetuchs als Geschenk.	

Abb. 37: Übersicht des quantifizierbaren Aufwandes und Nutzen

Es ist zu beachten, dass am Ende eines Arbeitstages oder einer ganzen Arbeitswoche der Schuhmacher sicher kaum eine Aussage über die Quantifizierbarkeit seiner Kundenkontakte treffen kann. Bestenfalls kann dieser Einzelunternehmer über einen längeren Zeitraum einen möglichen Kundenzuwachs dokumentieren. Erst dann kann er sich über Aufwand, Nutzen und seinen Erfolg bewusst werden.

Serviceoptimierung in Projektform testen

Am Anfang einer Offensive zur Verbesserung von Angebot und Leistung steht bei den Unternehmen immer die Frage nach der Planbarkeit der Investitionen und des zu erwartenden Nutzen. Da diese Faktoren nicht immer im Voraus genau darstellbar sind, ist erfahrungsgemäß die Projektform zu wählen, um die Investition überschaubar zu halten. Diese Vorgehensweise ist auch in der Situation empfehlenswert, wenn keine Erfahrungswerte heranzuziehen sind.

Das Instrument der Kundenzufriedenheitsbefragung ist wie schon beschrieben als zeitlich begrenztes Projekt durchführbar. Ein weiteres mögliches Projekt ist, Kundengruppen festzulegen, bei denen über einen definierten Zeitraum, besonders kundenorientierte Angebote oder Leistungen gestestet werden. Nach Ablauf dieses Zeitraumes werden die Beobachtungen bezüglich Aufwand und Nutzen analysiert und bewertet. Aus dieser Bewertung ergeben sich Empfehlungen, ob das Leistungsangebot weiter ausgebaut werden soll, partiell beibehalten oder gar wieder eingestellt werden soll. So wird die Frage nach dem Risiko, ob sich der Aufwand überhaupt lohnt begrenzt und auch beantwortet.

Um das Risiko einer Investition für die Verbesserung der angebotenen Leistungen überschaubar zu halten, ist der Einsatz eines zeitlich begrenzten Projektes empfehlenswert.

In Zeitungsverlagen hat man beispielsweise ausgewählten Lesergruppen über einen bestimmten Zeitraum eine besondere Betreuungsform zu Gute kommen lassen. Diese Gruppe von Zeitungsabonnenten wurde regelmäßiger als andere Abonnenten von den Verlagsmitarbeitern angerufen. Grund für die Kontaktaufnahme waren Fragen zur allgemeinen Zufriedenheit mit dem Produkt sowie die Weitergabe besonderer Informationen, die nur dieser Gruppe vorbehalten war. Diese Informationskontakte dienten dazu, die Leser zu besonderen Veranstaltungen einzuladen oder ihnen andere Vorteile vorzustellen, die sie als Leser in Anspruch nehmen konnten.

Anlass für diese vermehrten Verlagskontakte war ein Projekttest. Hier ging es darum herauszufinden, ob man Abonnenten über zusätzliche Serviceangebote und einen engeren Kontakt, länger an das Produkt binden kann. Das Ziel dieses Projektes war es, zu testen, ob diese Vorgehensweise als Kundenbindungsinstrument einzusetzen sei. Die Ergebnisse fielen bei den Verlagen recht unterschiedlich aus und kaum ein Verlag hat die intensivere Kundenbetreuung in seinem vollen Umfang später auf die gesamte Leserschaft ausgeweitet.

Das Ergebnis war, dass der Aufwand in Relation zum Nutzen häufig als zu hoch eingeschätzt wurde. Viele Leser waren ohnehin zufriedene Abonnenten und haben die Dauer ihrer Geschäftsbeziehung eher von der Produktqualität als von den zusätzlichen Verlagskontakten und den Serviceangeboten abhängig gemacht. Trotzdem erschlossen sich einige Vorteile aus diesem Projekttest. Die Erfahrungen, die sich bei den Kundenkontakten als positiv und Nutzen bringend erwiesen, hat man dann als dauerhaften Betreuungsstandard für die Leserschaft übernommen. Dieses Beispiel macht deutlich, dass auch wenn der Nutzen nicht erwartungsgemäß erfolgt, andere Erkenntnisse und Vorteile aus diesem Projekttest erwachsen können.

Projekttest »Serviceoffensive
1. Auswahl der zusätzlichen Angebote und Leistungen
2. Auswahl der Kundengruppen
3. Auswahl des Zeitraumes
4. Bewertung der Maßnahme nach Aufwand und Nutzen

Abb. 38: Ablauf eines Projekttests für eine Serviceoffensive

Für die Vorbereitung eines Projekttests im Rahmen einer Serviceoffensive sind die zusätzlichen Angebote und Leistungen auszuwählen. Dabei ist zu beachten, welche Angebote überhaupt für die Kunden von Interesse und Nutzen sein könnten. Mögliche Zusatzangebote können weitere Informationen, neue Produkte oder der vermehrte Kontakt zum Unternehmen sein. Wenn Klarheit über die zu testende Zusatzleistung besteht, sollte der Kundenkreis definiert und der Zeitraum abgesteckt werden.

Wenn keine Erkenntnisse über die Kundengruppen vorhanden sind, ist es empfehlenswert, mit den Kunden Kontakt aufzunehmen, die schon eine Bindung zum Unternehmen aufweisen. Bei diesen Kunden kann getestet werden, ob es eine Zusatzleistung gibt, die diese Kunden begeistern könnte. Der Zeitraum kann je nach Ausrichtung stark variieren. Beispielsweise lässt sich ein zusätzliches Angebot telefonisch weitaus schneller umsetzen als im persönlichen Kontakt, da ein Telefonat erfahrungsgemäß zeitlich weniger aufwendig ist und kürzer gehalten werden kann. Der Zeitraum eines Projektes kann auch über die Anzahl der Kontakte definiert werden. Wichtig dabei ist, die Menge der Kontakte im Auge zu behalten. Wenige Kontakte bringen auch weniger Informationen und haben somit weniger Aussagekraft über den Erfolg.

> Ein Projekttest für eine Serviceoptimierung bringt unter anderem Aufschluss über den Aufwand und den Nutzen eines erweiterten Angebotes.

Im Anschluss an die Durchführung ist der Projekttest auszuwerten. Diese Analyse und Auswertung bringt in jedem Fall, wie bei dem Verlagsbeispiel, neue Erkenntnisse. Auch wenn nur Teile aus dem Zusatzangebot in das Gesamtangebot einfließen, war das Projekt notwendig, um generell neue Eindrücke zu sammeln oder eine veränderte Erwartungshaltung der Kunden zu ergründen. So wird aufgrund des Tests in jedem Fall eine entsprechende und vielleicht veränderte Ausrichtung des Angebotes erfolgen. Für die praktische Unterstützung des Ablaufs eines Projekttests, für deren Durchführung und Auswertung können die folgenden Planungsfragen sinnvoll sein:

Planungsfragen

• Womit möchten Sie Ihren Kunden künftig einen noch besseren Service bieten?

• Welche Angebote und Leistungen könnten für Ihre Kunden besonders interessant sein?

• Was wollen Sie im Projekttest verstärkt anbieten?

• Welche Produkte benötigen Sie dazu?

• Welche Investitionen sind zusätzlich notwendig, um diese Leistungen anzubieten?

• Wer soll sich um die Durchführung des Projekttests kümmern?

• Welchen Kunden möchten Sie diese Leistungen vorrangig anbieten?

• Welche Kunden sichern Ihnen ein repräsentatives Testergebnis?

• Welche Kundengruppen haben Sie eventuell bisher vernachlässigt?

• Welche Kundengruppen lassen sich für Ihre Zwecke gut beobachten?

• Wann ist ein guter Zeitpunkt, um mit dem Projekt zu starten?

• Wie lange soll der Zeitraum dauern, um ausreichende und repräsentative Aussagen zu erhalten?

• Welche Zeiträume gibt es, in denen die Durchführung des Projektes nicht sinnvoll wäre, wie z.B. Saisonspitzen, Urlaubszeiten, Jahreswechsel etc.?

• Wie erfahren und dokumentieren Sie, ob die Kunden nach dem Test noch zufriedener mit Ihren Leistungen sind?

• Wie haben Ihre Kunden das Zusatzangebot angenommen?

• Woran erkennen Sie, dass sich die Kundenbeziehung durch das Angebot der Zusatzleistung verbessert hat?

• Wie können Sie feststellen, wie viele neue Kunden durch dieses Projekt gewonnen wurden?

• Wie hoch war der erhöhte zeitliche Aufwand für die Mitarbeiter im Rahmen des Projekttests?

• Wie hoch war der materielle Aufwand im Rahmen des Projekttests?

• Wie ist der Aufwand in Relation zum Nutzen zu bewerten?

• Welche Empfehlungen lassen sich für die Gestaltung des Angebotes und der Serviceleistungen aus den Erfahrungen des Projektes ableiten?

Wege zur Kundenbindung

Wir haben bereits aufgezeigt, dass es sich lohnen kann, durch den bewussten Einsatz von Erfolgsfaktoren und Service-Momenten in die Kundenbeziehung zu investieren. Zufriedene und treue Kunden sind eine gute und gesunde Basis für das unternehmerische Wachstum und die Weiterentwicklung. Es ist eine Chance, über das eigene Kundenpotenzial relativ kostengünstig durch Empfehlungen, neue Kundenbeziehungen aufzubauen.

Zufriedene Kunden werden loyal

Kundenzufriedenheit allein trägt nicht grundsätzlich zur Bindung der Kunden an das Unternehmen bei. Daher kann sich ein Unternehmen nie wirklich sicher sein, dass langjährige Kunden auch treu bleiben. Sobald irgendetwas vorfällt, das den Kunden in seiner Zufriedenheit nicht bestärkt, könnte die Konkurrenz zur Stelle sein und relativ einfach den Kunden abwerben. Der Grund dafür ist, dass die Produkte oder Angebote sich häufig ähneln und eher emotionale Gründe einen Kunden an das jeweilige Unternehmen binden. Der Kunde kann schon auf Grund einer kleinen Enttäuschung und vielleicht geringer Unzufriedenheit eine neue Geschäftsbeziehung mit einem Wettbewerber anstreben. Oder ein zufriedener Kunde kann abwandern, wenn ein anderes Angebot für ihn interessanter ist.

> Erst ein Kunde, der sich mit dem Unternehmen tief verbunden fühlt und sich somit selbst gegenüber dem Unternehmen als loyal empfindet, wird weniger anfällig für interessante Angebote der Konkurrenz.

Um den Werdegang eines zufriedenen Kunden in einen loyalen Kunden zu verdeutlichen, nehmen wir die Einteilung in vier Kundentypen vor und betrachten sowohl das Kundenverhalten als auch die entsprechenden Maßnahmen, die zur Kundenbindung beitragen können.

Kundentyp	Kundenverhalten	Maßnahmen
Weder zufriedene noch loyale Kunden	Bleiben dem Unternehmen nicht lange erhalten	Die Gründe für die Unzufriedenheit ermitteln (Befragung)
Unzufriedene, aber gebundene Kunden	Bleiben mit dem Unternehmen nur aus vertraglichen oder technischen Gründen verbunden	Die Gründe für die Unzufriedenheit ermitteln und beispielsweise die Verträge flexibler gestalten
Zufriedene, aber nicht loyale Kunden	Suchen die Abwechslung im Angebot oder Sonderangebote.	Ein Projekttest starten, um den Kosten-Nutzen-Aufwand für die Kundenbindung zu ermitteln
Zufriedene und loyale Kunden	Geben die eigenen positiven Erfahrungen mit dem Unternehmen begeistert weiter	Kontinuierliche und individuelle Kundenbetreuung

Abb. 39: Die vier Kundentypen und die entsprechenden Maßnahmen zur Kundenbindung

Die Kunden, die weder zufrieden noch loyal sind, bleiben dem Unternehmen nicht lange erhalten. Will man dem entgegensteuern, sind die Gründe dieser Unzufriedenheit zu ermitteln. In diesem Fall kann eine Kundenzufriedenheitsbefragung Aufschluss geben und die entsprechenden Informationen für die möglichen Verbesserungsmaßnahmen liefern.

Die Kunden, die zwar unzufrieden aber gebunden sind, werden möglicherweise nur durch technische, vertragliche oder sonstige Barrieren am Wechsel gehindert.

Somit bleiben diese Kunden dem Unternehmen letztlich gezwungenermaßen erhalten. Es ist jedoch davon auszugehen, dass diese unzufriedenen Kunden bei der nächsten sich bietenden Gelegenheit eine andere Geschäftsbeziehung eingehen werden. Die Aufgabenstellung liegt hier nicht nur in der Ermittlung der Unzufriedenheit, sondern auch darin, die grundlegende oder vertragliche Basis der Geschäftsbeziehungen zu Gunsten von Kundenzufriedenheit und praktischem Kundennutzen zu überdenken und möglichst flexibler zu gestalten.

Die Kunden, die zwar zufrieden, aber dennoch nicht loyal sind, suchen entweder bewusst die Abwechslung im Angebot oder haben nur eine einmalige Gelegenheit eines besonderen Angebotes genutzt. Diese Kunden erwarten keine emotionale Ansprache. Diese Kunden werden mit höchster Wahrscheinlichkeit wieder wechseln. Es sei denn, das Unternehmen findet den genau passenden Moment und die genau passende Ansprache. Bei diesem Kundentyp ist die Wahrscheinlichkeit für eine erfolgreiche Kundenbindung lediglich über eine entsprechende Befragung herauszufinden.

Die loyalen Kunden sind überzeugte Kunden, die vor allem ihre eigenen positiven Erfahrungen mit dem Unternehmen begeistert weitergeben. Sie bilden die Basis für ein funktionierendes Empfehlungsmarketing und sollten daher keinesfalls vernachlässigt werden. Diese Kunden benötigen kontinuierlich die größtmögliche angemessene Betreuung und Anerkennung.

> Die Loyalität des Kunden entsteht immer erst dann, wenn eine Geschäftsbeziehung vom Unternehmen durch persönliche Kontakte angereichert wird.

Die angebotenen Leistungen werden heute nicht mehr von den Unternehmen verkauft, sondern von den Kunden gekauft. Der Kunde hat auf Grund der Konkurrenzsituation die Wahl und bestimmt somit häufig die Geschäftsbeziehung.

Die Anforderungen und Erwartungen sind im Laufe der Zeit gewachsen. Die Unternehmen sind aufgerufen, die Anforderungen möglichst schnell, freundlich und effizient umzusetzen. Gelingt dies nicht, verweigern die Kunden oft den Konsum.

Um an dieser Stelle noch einmal das Verständnis für diese Verhaltensweise zu verdeutlichen, sei darauf hingewiesen, dass wir alle auch Kunden sind. Diese Tatsache verschafft uns den Vorteil, uns schnell in die Situationen und die Erwartungshaltung eines Kunden hineinversetzen zu können. Sicher hat jeder schon einmal aus Unzufriedenheit oder aus einer kleinen Enttäuschung heraus eine Geschäftsbeziehung aufgegeben.

Weitere Beispiele für den Abbruch einer bestehenden oder angehenden Geschäftsbeziehung sind:

- Der Kunde benötigt das Produkt nicht dringend
- Der Kunde ist von den mit dem Produkt verbundenen Leistungen nicht begeistert
- Die Wünsche und Fragen des Kunden werden nicht richtig verstanden
- Es fehlt dem Kunden die Überzeugung, um das Produkt zu kaufen
- Dem Kunden dauert die Kaufprozedur zu lange
- Dem Kunden ist der Ablauf zu kompliziert
- Der Verkäufer ist dem Kunden nicht sympathisch

Die individuelle Erwartung des Kunden an das Produkt und das Maß seiner Begeisterung für die einfache und bequeme Abwicklung, entscheiden ebenso wie die darüber hinaus entstandene Beziehung zwischen dem Mitarbeiter und ihm, ob dieses Geschäft letztlich zustande kommt.

Sind weder das Angebot noch die Leistungen eindeutig definiert, diktiert der Kunde die Spielregeln, nach denen sich ein Handel vollzieht. Das kann für das Unternehmen eine extreme Herausforderung bedeuten, da es fast willkürlich und spontan auf die Wünsche und Anforderungen der Kunden reagieren muss, um unter diesen Bedingungen ein Geschäft überhaupt abschließen zu können. Die gesamte Belegschaft findet sich in einer Art Reaktionskette wieder und könnte den eigenen Handlungsrahmen vermissen. Aktivismus und ungeplante Arbeiten sind oft die Folge von dieser Unklarheit. Unternehmen, deren Mitarbeiter in der Lage sind, die eigene betriebliche Welt in erster Linie aus der Sicht des Kunden zu betrachten und einzuschätzen, haben einen großen Vorteil. Sie können das Angebot und die Zusatzleistungen klar definieren und vor allem auch klar kommunizieren. Aus dieser Kundensicht heraus ist das Unternehmen stets im Prozess, Ideen zur Verbesserung zu entwickeln, um auch die möglichen neuen Erwartungen ihrer Kunden erfüllen zu können.

> Eine erfolgreiche Kundenorientierung führt dazu, den subjektiven Eigenfokus auf die bisherigen Leistungen und Erfolge aufzugeben und immer wieder neue Serviceideen für die anspruchsvollen Kunden zu entwickeln.

Durch langfristige Verträge zu Gunsten der Unternehmen können heute keine Kunden dauerhaft an das Unternehmen gebunden werden. Erkennt der Kunde auch erst zu einem späteren Zeitpunkt einen Vorteil für das Unternehmen, wird er nach Ablauf des Vertrages den Anbieter wechseln und besonders kritisch auf die neue Geschäftsbeziehung blicken. Er wird weit mehr Augenmerk auf seine Vorteile legen und gezielt einen vertrauenswürdigen Geschäftspartner suchen.

Loyalität und Treue eines Kunden gegenüber einem Unternehmen können daher einzig und allein auf der Beziehungsebene entstehen. Hier wird wieder einmal besonders klar, wie wichtig das Erleben von Service-Momenten für den Kunden ist. Loyalität entsteht somit nicht automatisch zwischen einem Kunden und einem mehr oder weniger anonymen Unternehmen, sondern erst zwischen den Menschen als Geschäftspartner, die sich gegenseitig respektieren.

> Loyalität beinhaltet im klassischen Sinne das Vorhandensein von Werten wie Treue, Redlichkeit, Anstand und Respekt.

Folgende Merkmale zeichnen einen loyalen Kunden besonders aus:
Der Kunde

- zeigt eine freiwillige Treue aus Überzeugung
- drückt seine emotionale und andauernde Verbundenheit dem Unternehmen gegenüber aus
- zeigt eine engagierte Fürsprache
- gibt vor allem seine positiven Erfahrungen als Empfehlung weiter

Loyalität ist demnach das Wertvollste, das ein der Kunde, Gast oder Patient geben kann. Diese Art der Kundenbindung ist erfahrungsgemäß wertvoller als der schnelle Geschäftsabschluss oder der einmalige Besuch. Es sei denn, die Geschäftsstrategie ist auf Grund des Standortes oder der Produktausgestaltung darauf ausgerichtet, von den einmaligen Besuchen der Kunden auch existieren zu können. Loyalität basiert auf einer dauerhaften, emotionalen Bindung, die den Kunden, den Gast oder Patienten dazu motiviert, stets wieder zu kommen. Um diese emotionale Bindung aufzubauen, gilt es von der Unternehmensseite in Vorleistung zu treten. Das Ziel ist, die Beziehung längerfristig durch Wachstum aufrecht zu erhalten. Dafür ist es notwendig, dem Kunden echtes Interesse und Wertschätzung entgegen zu bringen. Erst dann können Nutzen bringende Ideen gemeinsam entwickelt werden. Diese Art der Kundenbeziehung beschreibt eine Situation, in der beide Seiten – sowohl Kunde als auch Unternehmen – das Gefühl haben, einen emotionalen oder wirtschaftlichen Nutzen zu erhalten.

> Loyale Kunden empfehlen weiter und sind für das Unternehmen die kostengünstigste Möglichkeit, neue Kunden zu gewinnen. Diese Empfehlung ist auch eine Form von Werbung und wird Empfehlungsmarketing genannt.

Unzufriedenen Kunden zurückgewinnen

Erfahrungsgemäß ist es für ein Unternehmen fünf bis zehn Mal günstiger einen Kunden zurück zu gewinnen, als neue Kunden zu akquirieren. Daher sind intensive Bemühungen, bestehende Kunden wieder an das Unternehmen zu binden sehr lohnenswert und rentabel. Erfahrungsgemäß liegen die Kosten für die Betreuung von loyalen Kunden bei ungefähr zwanzig Prozent der vergleichsweise hohen Kosten der Neukundengewinnung.

Was genau zu tun ist, wenn Kunden abwandern, welche konkreten Rückgewinnungsmaßnahmen es gibt und wie erfolgreich die jeweiligen Maßnahmen sind, wird im Folgenden beschrieben.

Schon kleinste Unachtsamkeiten bei der Kundenbetreuung oder auch minimale Qualitätsmängel im Produkt können Kunden bereits ernsthaft verärgern. Nicht selten bedeutet dies das Ende einer bestehenden und gewinnbringenden Geschäftsbeziehung. Wie die unterschiedlichen Kundentypen gezeigt haben, kann die Abwanderung von Kunden zum Wettbewerber nicht grundsätzlich verhindert werden. Aber es ist dennoch zu hinterfragen, welche Gründe für die Abwanderung vorliegen.

Ausbleibende Maßnahmen, einen Kunden wieder zurück zu gewinnen, können unter Umständen kostspielig sein. Vielleicht ist nur eine einzige Frage an den Kunden notwendig, um diese Beziehung wieder aktivieren zu können. Dagegen stünden die Kosten für die Gewinnung eines neuen Kunden. Eine konsequent geplante und durchgeführte Rückgewinnung von Kunden ist eine unternehmerische Aktivität, der erfahrungsgemäß noch zu wenig Beachtung geschenkt wird. Dabei liegen gerade hier die renditestarken Umsatz- und Ertragsreserven.

Tipp:
- Kümmern Sie sich aktiv darum, herauszufinden, welche Gründe Ihre Kunden hatten, Ihr Unternehmen oder Ihre Praxis zu verlassen. Die Analyse der Ursachen ist die Basis für eine erfolgreiche Rückgewinnungsmaßnahme.

> Wichtigster Bestandteil einer Rückgewinnungskampagne ist das Aufspüren von Informationen über die Kündigungsgründe.

Die Kündigungsgründe liefern einen starken Impuls für künftige Verbesserungsmaßnahmen. Die Aufgabe, die Gründe für eine Kündigung zu erfragen, wird heute immer häufiger an professionelle Call-Center weitergegeben. Dort arbeiten Mitarbeiter, die eine entsprechende Ausbildung und kommunikative Kompetenz besitzen, um mit den womöglich verärgerten Geschäftspartnern angemessene und erfolgreiche Gespräche führen zu können. Die Haltung der Mitarbeiter setzt ein großes Einfühlungsvermögen voraus und ist sehr stark an dem Interesse des Kunden ausgerichtet.

Um eine Rückgewinnungsmaßnahme unter wirtschaftlichen Aspekten starten zu können, wird der Kunde zunächst einmal im Vorwege betrachtet. Gesichtspunkte, welchen Wert er für das Unternehmen darstellt und wie hoch die Wahrscheinlichkeit ist, ihn wieder zurückgewinnen zu können, spielen für den Erfolg dieser Maßnahme eine wichtige Rolle. Auf Basis dieser Informationen wird dann eine Klassifizierung der Kunden vorgenommen. Die entsprechend kompetenten Mitarbeiter kontaktieren anschließend diese Kunden und erfahrungsgemäß kann rund ein Viertel der Kunden, die eine Kündigung ausgesprochen hatten, nach der Klärung der Gründe und der verlässlichen Vermittlung einer neuen Perspektive wieder an das Unternehmen gebunden werden.

Beeindruckend ist, dass bereits abgewanderte Kunden, die zu einem Unternehmen oder Produkt zurückkehren, sich erfahrungsgemäß loyaler als die meisten zufriedenen Kunden zeigen. Viele Kunden entwickeln tatsächlich nach ihrer Rückgewinnung ein weitaus stärkeres Vertrauen in das Unternehmen. Die aktive Kontaktaufnahme mit dem Kunden ist ein Zeichen von Interesse und macht dem Kunden deutlich, dass er dem Unternehmen nicht gleichgültig ist. Das ist ein deutliches Zeichen von Wertschätzung und wird mit der Loyalität des Kunden belohnt.

> Zurück gewonnene Kunden werden auf Grund der ihnen,
> von dem Unternehmen, entgegengebrachten Wertschätzung
> erfahrungsgemäß häufig zu loyalen Kunden.

Verärgerte Kunden sind nicht selten über einen längeren Zeitraum
mit dem Unternehmen, den Produkten und den Leistungen durchaus zufrieden gewesen. Die Beendigung der Geschäftsbeziehung
erfolgt oft wegen eines einzigen, unter Umständen kleinen Problems und vor allem dessen unzureichender Beachtung. Gelingt es,
das Problem zu beseitigen und dem Kunden wieder die entsprechende Wertschätzung entgegenzubringen, stehen viele Kunden
einer Rückkehr durchaus positiv gegenüber. Hier liegt eine große
Chance, das alte Vertrauen zurück zu gewinnen. Darüber hinaus
zeigt der Kunde dann auch eine Offenheit gegenüber weiterer Produkte.
Folgende Merkmale zeigen zurückgewonnene Kunden:

- Sie tätigen Wiederholungs- und Folgekäufe
- Sie gelangen über ein Basisprodukt häufiger zu einer erwei-
  terten Produktpalette
- Sie zeigen eine höhere Zahlungsbereitschaft

Erfahrungswerte aus den unterschiedlichsten Branchen zeigen,
dass die Erfolgsquoten bei der Rückgewinnung von Kunden bis zu
dreißig Prozent betragen können. Bei dieser Erfolgsaussicht lohnt
es sich schon, über geeignete Maßnahmen und deren Umsetzung
nachzudenken.
Es gibt kritische Momente innerhalb der Kundenbeziehung, in der
die angebotene Leistung nicht mit den Kundenerwartungen einhergeht. Genannt seien beispielhaft ein zeitlich begrenzter Kundendienst, lange Lieferzeiten bzw. Lieferverzögerungen, unhöfliches
Verhalten dem Kunden gegenüber, Wartezeiten am Telefon oder
die Unwilligkeit, Dienstleistungen an individuelle Bedürfnisse anzupassen. Werden diese Kritikpunkte beachtet und entsprechend
zügig bearbeitet, liegt darin die Möglichkeit, die Geschäftsbezie-

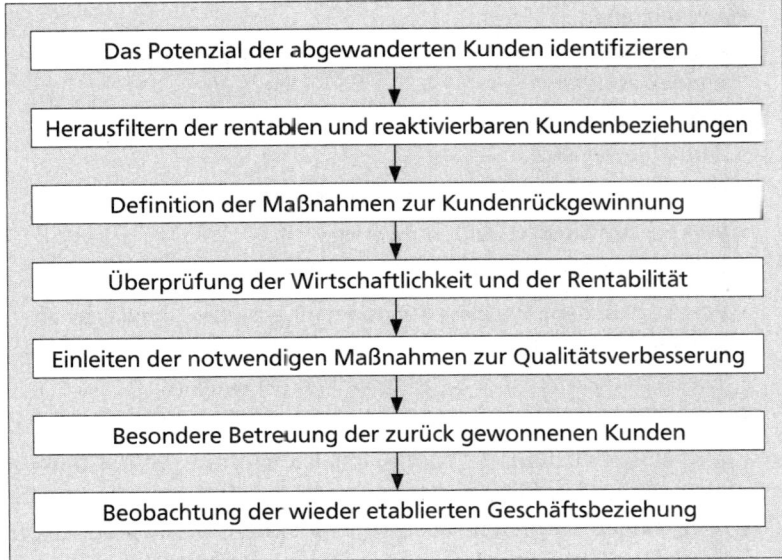

Abb. 40: Ablauf einer Kundenrückgewinnungsmaßnahme

hung respektvoll und langfristig aufrecht zu erhalten.

Das aktive Beschwerdemanagement knüpft genau an diesen möglichen Kritikpunkten an und trägt dazu bei, wertvolle Informationen von den Kunden zu erfragen und zu erhalten. Diese Informationen können besonders wichtig für den weiteren Kontakt und für die wachsende Beziehung zwischen dem Kunden und dem Unternehmen sein.

Im Versandhandel werden beispielsweise die Kunden, die länger nicht bestellt und ihre Einkaufsaktivitäten deutlich reduziert haben, angesprochen und nach ihrer allgemeinen Zufriedenheit befragt. In diesem Zusammenhang wird versucht, eine Bedarfsanalyse zu erstellen mit dem Ziel, den Kunden mit individuelleren Angeboten zu versorgen. Mögliche Beanstandungen und Unzufriedenheiten sollen auf diesem Weg aktiv und im voraus Beachtung finden und bearbeitet werden.

Es gibt eine Fülle von Rückgewinnungsmaßnahmen, die jeweils in Abhängigkeit zur Abwanderungsursache zum Tragen kommen kön-

Planungsfragen

- Wie viele Kunden haben Sie verloren und um welche Kunden handelt es sich?
- Welche dieser Kunden können Sie mit hoher Wahrscheinlichkeit zurück gewinnen?
- Wie können Sie diese Kunden zurück gewinnen?
- Welcher Aufwand ist dafür notwendig?
- Welche Daten gilt es zu dokumentieren?
- Was ist zu ändern, um diese Kunden zu überzeugen und dauerhaft zu binden?
- Wie entwickeln sich Ihre zurück gewonnenen Kunden?

nen. Der erste Baustein zur Kundenrückgewinnung ist die Bereitschaft, dem Kunden Service-Momente und mögliche individuelle Zusatzleistungen zu bieten. Die professionelle Gesprächsführung, der eine wertschätzende Haltung zu Grunde liegt, ist eine Grundvoraussetzung für den Erfolg. Das Verständnis für die Kundenbedürfnisse und der Wert einer persönlichen Beziehung stehen im Vordergrund.

Im nächsten Schritt geht es um ein schnelles und lösungsorientiertes Angebot für den Kunden, das ihm die Wiederkehr in das Unternehmen erleichtert. Dieses Angebot kann durch einen zusätzlichen Nutzen oder individuelle Vorteile ausgestaltet sein, die der Kunde bisher auf diese Weise nicht erfahren hat. Einige Möglichkeiten sind Werbegeschenke, eine erhöhte Betreuungsfrequenz, Einladungen zu besonderen Veranstaltungen oder die Bereitstellung von Informationen, die für den Kunden von besonderem Interesse sind.

Zusammengefasst sind einige weitere Beispiele für zusätzliche Angebote bei Rückgewinnungsmaßnahmen zu nennen:

- Optimierte Beratungsleistung für den Kunden
- Ein Geschenk als Dankeschön für die Kunden, die zurückkehren
- Besondere Clubmitgliedschaften mit individuellen Preisvorteilen

- Bevorzugte Konditionen für Rückkehrer, die über einen befristeten Zeitraum gelten und den Einstieg erleichtern
- Besonders intensive und individuelle Kundenbetreuung
- Vorteile in Form von Kundenkarten mit individuellen Serviceangeboten
- Dauerhafte Rabattleistungen oder einmalige Vergünstigungen auf künftige Käufe

Besonders im Geschäftszweig des E-Commerce ist die Kundenbindung sehr gering. Verantwortlich hierfür ist allerdings nicht unbedingt die Unzufriedenheit von Kunden. Vielmehr begünstigen die Gleichheit der Produkte bei einem fast identischen Preis-Leistungsverhältnis und der nicht vorhandene persönliche Kontakt einen schnellen Wechsel. So wählen beispielsweise zwanzig bis dreißig Prozent – also etwa drei bis fünf Millionen Kunden – einen neuen Mobilfunkanbieter. Noch drastischer ist die Entwicklung im Bereich Internet: Jeden Monat wechseln etwa zehn Prozent und damit rund achthunderttausend Kunden ihren Vertrag (nach einer Studie von DR. S. BLEIER, GFK MARKTFORSCHUNG NÜRNBERG, 2001). Die Loyalität von Online-Kunden variiert von Branche zu Branche. Online-Kunden achten vorrangig auf die Sicherheit ihrer persönlichen Daten, den Umfang des Produktangebotes sowie die Einhaltung von Lieferterminen. Kunden des klassischen Einzelhandels dagegen legen sehr viel mehr Wert auf den persönlichen Umgang, die Beratung und den erlebten Service. Welche Möglichkeiten Online-Anbieter haben, um die Qualität der vorhandenen Kundenbeziehungen noch deutlicher auszubauen, ist abhängig von ihrer Geschäftsstrategie. Wenn ihre Ausrichtung einzig die günstige Preisgestaltung ist und das auch klar kommuniziert wird, erwartet der Kunde demnach keine persönliche Beziehung. So wäre in diesem Bereich eine Rückgewinnungsmaßnahme eher eine Überraschung, eine überflüssige Anstrengung oder sogar eine vergebliche Bemühung.

Trotz eines häufig fehlenden Controllings über die Ergebnisse von Rückgewinnungsmaßnahmen können folgende Aussagen zu den Erfolgen nach der Durchführung erfahrungsgemäß getroffen werden:

Kundenrückgewinnung

- führt dem Unternehmen verlorene Umsätze zurück
- schafft loyale Kundenbeziehungen
- unterstützt die Einführung eines gezielten Kundenbeziehungsmanagements
- schafft qualifizierte Adressbestände
- sorgt für einen wesentlich effizienteren Vertrieb
- schafft die Optimierung von Standardabläufen

Tipps:

- Überprüfen Sie Ihre preislichen oder materiellen Spielräume, die Sie im Falle einer Rückgewinnung als Zeichen Ihres Entgegenkommens anwenden können.
- Bieten Sie Ihren Kunden eine spürbare individuelle Kundenbetreuung.
- Garantieren Sie beispielsweise gerade diesem Kunden künftig einen festen Ansprechpartner.
- Erweitern Sie bewusst Ihre Dienstleistung in punkto intensivere und technische Unterstützung sowie Fachberatung.
- Erhöhen Sie die Kontakthäufigkeit Ihres Verkaufsaußendienstes.
- Geben Sie dem zurück gewonnenen Kunden viel Zuwendung und Aufmerksamkeit.
- Nutzen Sie die entsprechenden Maßnahmen auch zur optimalen Datenpflege.

Briefe wirken wie eine Visitenkarte

Die Schriftform, das heißt die Art und Weise, in der Sie mit Ihren Kunden schriftlich kommunizieren, birgt auch ein Potenzial zur Kundenbindung jedoch auch die Gefahr, Missverständnisse entstehen zu lassen.

Der Briefstil einer geschäftlichen Korrespondenz verrät beispielsweise viel über die Werte, die ein Unternehmen vorzuweisen hat. So sind die Briefe auch ein Imagefaktor des Absenders. Durch ei-

nen schlecht formulierten Werbebrief oder eine bedrohlich klin-
gende Zahlungserinnerung kann jede noch so gut gemeinte Ab-
sicht beim Empfänger zunichte gemacht werden.

Ein schlechter Briefstil einer geschäftlichen Korrespondenz ist unter anderem daran zu erkennen, dass Rechtschreibfehler enthalten
sind, die Inhalte unübersichtlich dargestellt werden, der Name
falsch geschrieben ist oder sogar eine Frau mit »Sehr geehrter
Herr...« angesprochen wird. Hinter diesen Beispielen kann bestenfalls eine mangelnde Konzentration des Absenders vermutet werden. Oft wird dies jedoch von dem Empfänger als eine Geringschät-
zung empfunden. Diese sogenannten Flüchtigkeitsfehler sind dafür
verantwortlich, dass ein Brief missverstanden werden kann und er
damit garantiert seinen eigentlichen Auftrag und seine Wirkung
verfehlt.

Der Schreibstil hat sich genauso wie unsere Sprache gewandelt und
die heutigen Anforderungen an eine moderne und kundenorientierte Korrespondenzsprache gehen weit über einen fehlerfreien
Schreibstil hinaus. Ein guter Schreibstil beinhaltet heute eine
schriftliche Ausdrucksweise, die der gesprochenen Sprache möglichst nahe kommt. Ganz im Sinne von »Schreibe ist Rede«.

Moderne Anforderungen an die Schriftsprache sind kurze, prägnante Sätze und bildhaft klare Formulierungen, die den individuellen Nutzen des Lesers betonen und sein Interesse fesseln sollen.
»Die heutigen Leser sind von einer Vielzahl von Medien mit professionell gestalteter Kommunikation umgeben und daher verwöhnt
und anspruchsvoll.« (NEUMANN/HERRMANN, 2005: »FORMULIEREN
OHNE FLOSKELN«, VERLAG MODERNE INDUSTRIE).

> Jeder Brief ist eine Visitenkarte des Unternehmens und prägt
> damit das Firmenimage, positiv wie negativ.

Der Brief in der Hand eines Kunden entscheidet mit über den ersten Eindruck von der Person, die ihn geschrieben hat und dem Unternehmen, in dessen Auftrag das Schreiben verfasst wurde.

»...Jeder Brief ist Werbung, prägt das Firmen-Image positiv wie negativ. Er ist Ihre Visitenkarte, transportiert die Informationen und ist dafür verantwortlich, welchen ersten Eindruck der Leser von Ihnen bekommt: modern oder antiquiert, kreativ oder bieder, schlampig oder korrekt... Ihre Chance besteht darin, die Schriftstücke so zu gestalten, dass Sie zu Sympathieträgern werden.« (SCHÄTZLEIN/ROTHE, 2004: »KUNDENORIENTIERT KORRESPONDIEREN«, VERLAG CORNELSEN)

Ein Brief wird in der Regel anders gelesen als geschrieben. Ein Leser hat erfahrungsgemäß nur ein unbewusstes Ziel. Er will schnell herausfinden, welchen Nutzen ihm der Inhalt verspricht. In einem Kurzdurchgang versucht der Leser, folgende Fragen für sich zu klären:

- Wer schreibt mir?
- Was ist der Inhalt?
- Warum schreibt man mir?

Briefe werden also nicht zwangsläufig von oben nach unten gelesen, sondern innerhalb von Sekunden in einer bestimmten Abfolge quer gelesen. Die größte Aufmerksamkeit erhält das Logo mit den Absenderangaben, dann die Betreffzeile, um den Inhalt zu erfahren und zuletzt die Unterschrift. Aus dem weiteren Inhalt werden lediglich besonders erkennbare Informationen gelesen.

> Besondere Beachtung beim Überfliegen eines Briefes findet das Logo, die Absenderangaben, die Betreffzeile und die Unterschrift.

Die direkte Ansprache des Lesers weckt seine Aufmerksamkeit und wirkt grundsätzlich wertschätzend. Beispiele hierfür sind Formulierungen wie:

- »speziell für Sie...«
- »damit Sie rechtzeitig informiert sind...«
- »für Ihre eigene Planungssicherheit...«

Inhaltlich sollte jeder Brief eine kurze, prägnante Zeile für den Inhaltsverweis haben. Diese Zeile ersetzt das ehemalige »Betreff«. Darüber hinaus sollte der Einstieg oder der erste Absatz im Brief so gewählt werden, dass eine Zustimmung zu einer Fragestellung oder die Übereinstimmung des Lesers zu einem Thema erzielt wird. Konkrete Beispiele oder eine bildhafte Sprache fördern das Verständnis und erhöhen die Spannung. Dabei sind Negativaussagen zu vermeiden und Lösungsangebote zu schaffen. Kurze Sätze dienen der Klarheit, ebenso der Verzicht auf Fremdwörter. Im letzten Absatz sollte der Leser wissen, was von ihm erwartet wird. Ein Geschäftsbrief, der in der Ich-Form formuliert ist, wirkt persönlicher, direkter und verbindlicher als eine Wir-Formulierung.

Zu der Form und der Gestaltung ist erfahrungsgemäß zu sagen, dass die Schriftgröße grundsätzlich nicht kleiner als Punkt elf, ein Absatz maximal fünf Zeilen lang und eine linksbündige Darstellung gewählt werden sollte. Ein Brief sollte möglichst auf eine Seite passen und zwei Seiten nicht übersteigen. Bei der Vermittlung komplexer Inhalte sollten diese separiert und als Anlage versendet werden. Einzelne Wörter oder Satzteile können durch Fettdruck oder kursive Schreibweise hervorgehoben werden, es sollte jedoch auf das Unterstreichen von Wörtern oder gar ganzen Sätzen zu Gunsten der Übersichtlichkeit verzichtet werden.

> Eine klare Sprache, eine ansprechende Gestaltung und die direkte Ansprache des Lesers werden in der schriftlichen Kommunikation grundsätzlich als positiv und wertschätzend wahrgenommen und unterstützen die Verständlichkeit des Inhalts.

Tipps:
- Gestalten Sie Ihre Schriftstücke so, dass sie zu Sympathieträgern werden.
- Nutzen Sie einen dem Leser zugewandten Briefstil, um die Aufmerksamkeit zu erhöhen und dem Leser Wertschätzung zu vermitteln.
- Nutzen Sie die Formel »**KISS**« – keep it short and simple –, um kurz, einfach und klar die für den Leser wichtigen Inhalte zu vermitteln.

Die Möglichkeiten des Internets erkennen

Die Erreichbarkeit im Internet stellt heute eine unternehmerische Standardleistung dar. Es zeichnet sich eine deutliche Zunahme der Kundenkontakte und Anfragen via E-Mails ab. Dies geschieht jedoch nur teilweise zu Lasten telefonischer oder schriftlicher Anfragen. Häufig gestützt durch die uneingeschränkte Aufforderung an die Kunden, sich über das Internet zu informieren, erfreut sich dieser Kommunikationsweg wachsender Beliebtheit.

Der Kunde möchte sich über das Internet informieren oder mit dem Unternehmen bequem und kostengünstig Kontakt aufnehmen. Es ist inzwischen die Frage, ob die Präsenz eines Unternehmens im Internet noch als eine Serviceleistung anzusehen ist oder ob der Kunde diese Präsenz nicht grundsätzlich erwartet.

Unbestritten ist, dass dieser Leistung ein entsprechender Aufwand entgegensteht. Die Kunden erwarten aufgrund des Mediums Internet eine sehr zeitnahe Antwort. Dafür sind zusätzlich Mitarbeiter für diese Aufgabe zu qualifizieren und zu beauftragen. Werden die Anfragen spät oder gar nicht beantwortet, ist das Image des Geschäftes negativ behaftet und der Kunde erhält den Eindruck, dass das Unternehmen eine Antwort nicht für nötig erachtet. Auch in dieser Kommunikationsform gilt es, bestimmte Regeln einzuhalten, um keine Beschwerden zu produzieren und als unzuverlässiges Unternehmen von dem Kunden wahrgenommen zu werden.

Erfahrungsgemäß werden lediglich ein Drittel der Kunden-E-Mails überhaupt beantwortet. Davon werden wiederum achtzig Prozent innerhalb von achtundvierzig Stunden beantwortet. Die Qualität und Freundlichkeit der Antworten ist oft nicht ausreichend.

Die Gründe für das unzureichende Responseverhalten von Unternehmen liegen unter anderem in der nicht ausreichend vorhandenen Mitarbeiterkapazität oder aber es fehlt die Fähigkeit und das Wissen, wie eine Kundenanfragen per E-Mail professionell zu beantworten ist. Mitarbeiter bewerten heute noch oft eine E-Mail als weniger wichtig als einen Brief. Es fehlen in den Unternehmen effiziente Strukturen, die den Umgang mit E-Mail-Kontakten optimal abbilden. Es fehlen formale Standards, an denen sich die Mitarbei-

ter bei der Beantwortung von Anfragen orientieren können. Die oftmals vorgegebenen und standardisierten Schriftbausteine lassen lediglich eine unzureichende Beantwortung der Kundenanfragen zu.
Unter Betrachtung der oben aufgeführten Hürden, ist es für den
Verantwortlichen eines Unternehmens wichtig, sich darüber Klarheit zu verschaffen, welches technische Medium für die Kommunikation mit dem Kunden, Gast oder Patienten überhaupt passt. Es
ist eine Entscheidung darüber zu treffen, wie dieser Kommunikationsweg kundenfreundlich umzusetzen ist. So ist manchem Kunden
mehr mit dem Hinweis auf eine Telefonnummer gedient als auf die
Homepage aufmerksam gemacht zu werden.

> Entscheidet sich das Unternehmen dafür, seinen Kunden die
> Korrespondenz per E-Mail anzubieten, sollte eine zeitnahe
> und qualitativ hochwertige Beantwortung sichergestellt sein.

Eine Nachricht auf elektronischem Weg hat den gleichen recht-
lichen Bestand wie eine schriftliche Nachricht in Briefform. Eine
schnelle und lösungsorientierte Beantwortung von Kundenanfragen über das Internet stellt heute schon einen wichtigen Service für
den Kunden dar und wird von ihm als Standard empfunden. Ein
funktionierender Kundenservice über das Internet ist ein Beitrag
zur Kundenbindung, denn viele Kunden wählen den Anbieter, mit
dem Sie mühelos, schnell und effizient über das Internet korrespondieren können.

Tipps:
- Entscheiden Sie, ob das Medium Internet zu Ihrer Geschäftsphilo-
  sophie passt.
- Bedanken Sie sich grundsätzlich bei dem Kunden, Gast oder
  Patienten für die schriftliche Anfrage.
- Beantworten Sie die Anfragen grundsätzlich innerhalb von
  vierundzwanzig Stunden.
- Gestalten Sie Ihre E-Mails einheitlich und ansprechend.

SERVICEQUALITÄT BRINGT ERFOLG

In diesem letzten Buchabschnitt geht es uns darum, noch einmal den Zusammenhang der Aspekte systematisch aufzuzeigen, die zur erfolgreichen Umsetzung der Servicequalität beitragen. Dazu gehört vor allem, Ideen und Ansätze zu vermitteln, wie sich letztlich eine Servicephilosophie entwickeln kann. Die Wechselwirkung zwischen der Vision, der Struktur und der Kultur eines Unternehmens spielt dabei eine wesentliche Rolle und wird ebenso betrachtet wie ein Beispiel für eine Methode zur Umsetzung von Servicequalität. In den vorherigen Kapiteln lag die Konzentration darauf, Wege, Möglichkeiten und Beispiele zu vermitteln, um die Servicequalität entstehen und erlebbar werden zu lassen. Um langfristig die entstandenen Erfolge zu sichern, ist es wichtig durch eine Vision, im Zusammenspiel mit den Mitarbeitern, deren Kultur und der Struktur der Organisation eine Servicephilosophie zu entwickeln.

Wie die Beispiele und deren Betrachtung gezeigt haben, entsteht Servicequalität in der Wahrnehmung des Kunden immer aus dem Zusammenspiel von den überraschend positiv erlebten Service-Momenten und den geplanten Erfolgsfaktoren, die auch Service- oder Qualitätsstandards genannt werden.

Ein Service-Moment ist laut unserer Definition eher keine planbare Größe. Vielmehr handelt es sich dabei um eine erlebte Begegnung, die innerhalb einer Dienstleistung zwischen dem Mitarbeiter und Kunden, Patienten oder Gast stattfindet. Das Erleben eines Service-Moments setzt also für den Kunden eine direkte Kommunikation mit den Beteiligten voraus. In einem solchen Moment kann der Kunde aufgrund des Mitarbeiterverhaltens einen Rückschluss auf die innere Einstellung zum Kunden, dem Produkt, der Dienstleistung oder dem gesamten Unternehmen in der jeweiligen Situation ziehen.

Die Qualität dieser Begegnung entspricht demnach der Bewertung des Kunden, wie er persönlich das Verhalten des Mitarbeiters wahrgenommen hat. Um eine positive Wirkung bei dem Kunden zu erzielen, sollte die innere Einstellung des Mitarbeiters von Spaß an der Dienstleistung, Mitgefühl und Situationsverständnis geprägt sein. Gerade dieser wichtige Moment der Begegnung wird von jedem Kunden individuell erlebt und kann in der Regel daher nicht standardisiert oder geplant werden.

Die Erfolgsfaktoren dagegen sind planbare Größen, Vereinbarungen, Spielregeln, Absprachen und die genaue Definition des Leistungsspektrums im Angebot.

Bezogen auf das Mitarbeiterverhalten geht es hierbei um die Anteile, die bewusst eingesetzt werden, um eine bestimmte Wirkung zu erzielen. Eine freundliche Begrüßung kann demnach sowohl der momentanen, positiven Stimmung des Mitarbeiters entsprechen, als auch einen zunächst erlernten Standard darstellen, der dann auf eine ganz persönliche Weise von dem Mitarbeiter authentisch und positiv umgesetzt wird.

Kultur und Struktur

Um eine Servicephilosophie praktisch zu entwickeln, bedarf es einer Klarheit darüber, welche möglichen Erfolgsfaktoren einzusetzen und auf welche Weise dem Kunden Service-Momente zu bieten sind. Da allein die Mitarbeiter für die Service-Momente verantwortlich sind, ist es notwendig, eine entsprechende Kultur zu pflegen. Das könnte bedeuten, dass Freundlichkeit und partnerschaftliches Miteinander sowie der grundsätzlich respektvolle Umgang als Werte im Unternehmen gepflegt und gelebt werden. Diese Werte lediglich in einem Leitbild für das Unternehmen zu verschriftlichen, kann zwar eine Grundlage für diese Kultur sein, sie aber nicht zum Leben erwecken. Eine kundenorientierte Kultur kann nur durch vorbildliches Verhalten seitens der Geschäftsführung entstehen. Wenn jedoch die Chefin oder der Chef morgens ohne einen Gruß an die Mitarbeiter das Unternehmen betritt, ist wahrlich nicht zu erwarten, dass die Mitarbeiter ihre Kunden mit Spaß und Freundlichkeit begrüßen werden.

Die Grundlage für erfolgreiche Service-Momente wird in der Begegnung zwischen der Unternehmensleitung und den Mitarbeitern gelegt. Innerbetriebliche Freundlichkeit und respektvoller, wertschätzender Umgang prägen die notwendige innere Haltung der Mitarbeiter, um für den Kunden den Service erlebbar machen zu können.

Definierte Erfolgsfaktoren können einen Vorsprung an Serviceleistungen gegenüber der Konkurrenz bedeuten und zeigen dem Kunden die grundsätzliche Servicebereitschaft des Unternehmens. Diese Erfolgsfaktoren wirken jedoch ohne die entsprechenden Service-Momente nicht langfristig auf die Kundenbindung. Sie stellen eher eine Struktur dar, die den Kunden und den Mitarbeitern einen Rahmen und Sicherheit geben.

Den Service unter die Lupe nehmen

Um sich als Unternehmen einer Servicephilosophie bewusst zu werden und sie dann weiter entwickeln zu können, ist es ratsam, das momentane Serviceangebot unter die Lupe zu nehmen: Was ist schon vorhanden und welche Angebote wollen und können auch in Zukunft erfolgreich umgesetzt werden. Letztlich prägt ja das Zusammenspiel von Erfolgsfaktoren und Service-Momenten die von den Kunden wahrgenommene und bewertete Servicequalität. Eine Servicephilosophie entsteht somit im Hintergrund. Sie ist erst zu erkennen, wenn Service tatsächlich auch umgesetzt und vom Kunden wahrgenommen und geschätzt wird.

Durch die gelebte Kultur und die bewusst gewählte Struktur eines Unternehmens kann somit eine Servicephilosophie erst entstehen. Es ist schwer vorstellbar, dass eine Philosophie vorhanden ist, bevor Menschen sie tragen und leben können. Ein Unternehmensleitbild mit einer Idee von einer Philosophie kann bei einer Unternehmensgründung helfen, sie wird aber erst im Arbeitsalltag zum Leben erweckt werden. Eine Philosophie darf nie als statisch und

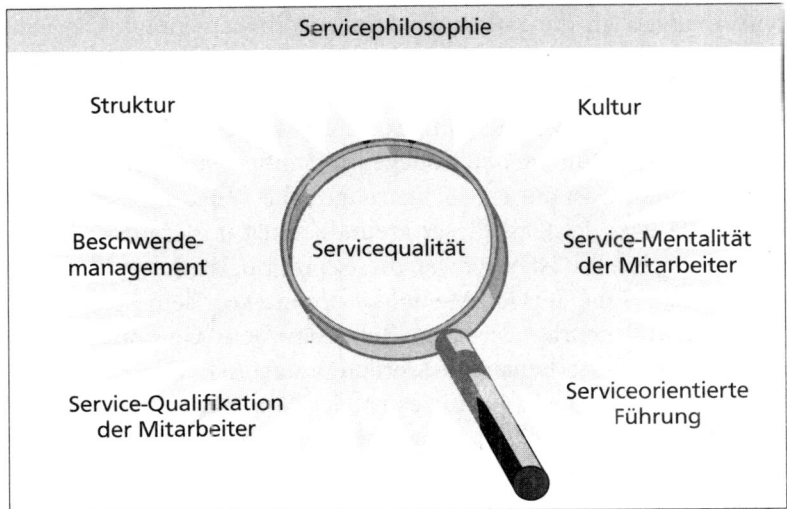

Abb. 41: Den Service unter die Lupe nehmen

als gegeben angesehen werden, da sie immer als Hintergrundbild
der Veränderbarkeit von Menschen und der Rahmenbedingungen
anzusehen ist. Allein durch die Auswahl der Mitarbeiter werden
vom Kunden Rückschlüsse auf die vorhandene Servicephilosophie
vorgenommen. Nimmt der Kunde das Verhalten mehrerer Mitarbeiter als freundlich, zuvorkommend und hilfsbereit wahr, wird er
dahinter keine Zufälligkeit, sondern eine bewusste und gelebte Entscheidung für eine serviceorientierte Unternehmensphilosophie
erkennen und begrüßen.
Wird die Lupe über die Servicequalität gehalten, ist ihre Entstehung zu erkennen. Ob Kultur oder Struktur, die Service-Mentalität der Mitarbeiter oder das Instrument Beschwerdemanagement
– alle Parameter sind miteinander zu verknüpfen, um den Kunden
erfolgreich einen qualitativ hochwertigen Service systematisch anbieten zu können.
Mitarbeiter eines Dienstleistungsbereiches sollten grundsätzlich
eine innere Haltung oder Mentalität besitzen, die zum Ausdruck
bringt, dass sie gerne für die Kunden da sind. Durch diese Einstellung

wird maßgeblich die Kultur des Unternehmens geprägt. Die Service-Mentalität kann gefördert werden, indem sich alle Mitarbeiter auch als interne Kunden begreifen und keine Unterschiede im positiven Umgang mit internen und externen Kunden machen. Es wäre fatal, in einem Moment den Kollegen anzugiften, sich umzudrehen, um dann den Gast auf eine sehr freundliche Weise anzusprechen. Nicht nur, dass der Gast dieser Freundlichkeit misstrauen könnte, auch vor sich selbst ist es schwer, diese emotionalen Schwankungen auszuhalten. Eine Service-Mentalität könnte von dem Sprichwort getragen und geprägt werden »Behandle Dein Gegenüber stets so, wie Du selbst behandelt werden möchtest.« Dieses Sprichwort untermauert, wie wichtig es ist, den Standpunkt des anderen zu verstehen und die Dinge mit seinen Augen zu betrachten.

Eine bewusst eingesetzte, systematische und gelebte Servicequalität wird also dazu beitragen, dass dem Kunden auch erfolgreich eine Servicephilosophie vermittelt werden kann. Erfolgsfaktoren und Service-Versprechen können auf ganz praktische Weise bei dieser Vermittlung helfen.

Service-Versprechen für die Kunden	Erfolgsfaktoren
Bei uns erkennen Sie alle Angebote an dem großen roten Punkt	Wir begleiten jeden Kunden zur Tür und verabschieden ihn persönlich
Wir kümmern uns um die Betreuung Ihrer Kinder. Sie gehen in Ruhe einkaufen	Wir wünschen jedem Kunden viel Spaß bei seinem Einkauf
Bei uns wartet kein Patient länger als 15 Minuten	Wir sprechen den Kunden mit seinem Namen an, aber höchstens drei Mal innerhalb eines Gespräches
Unsere Kunden finden immer einen Parkplatz. Wir haben extra für Sie eine Tiefgarage	Wir tragen grundsätzlich unser Namensschild, damit unsere Kunden uns leichter erkennen und ansprechen können

Abb. 42: Beispiele für Service-Versprechen und Erfolgsfaktoren

Die Service-Versprechen finden sich auf Plakaten, Hinweistafeln oder Handzetteln und vermitteln so dem Kunden sehr deutlich, auf welche Leistungen er sich verlassen kann. Diese Versprechen sind unbedingt einzuhalten, da die Kunden ansonsten enttäuscht werden, auch wenn sie vorher keinerlei Erwartungen diesbezüglich hegten. Die internen Erfolgsfaktoren werden den Kunden in der Begegnung mit den Mitarbeitern vermittelt und unterliegen damit eher den Erfahrungen der Kunden. Die Einheitlichkeit und die Qualität der Begegnung erzeugt erst in der Abfolge der Kontakte die Wertigkeit und Verlässlichkeit der Serviceleistung.

Den Service zuverlässig gestalten

Das Angebot und die dazugehörenden Prozesse und Leistungen sollten sehr genau den Erwartungen des Kunden entsprechen. Wir haben diese Kriterien Erfolgsfaktoren genannt. Diese sind als Service- oder Qualitätsstandards somit im Unternehmen definiert und dienen den Mitarbeitern als Richtlinie im kundenorientierten Handeln. Ausgehend von den angebotenen Dienstleistungen gilt es Kriterien zu definieren, die messbar und kontrollierbar sind und damit die wachsende Zuverlässigkeit für den Kunden abbilden.
Messbare Kriterien für die Zuverlässigkeit von Serviceleistungen können beispielsweise sein:

- Grundsätzlich nach spätestens dreimaligem Klingeln wird das Telefongespräch entgegen genommen
- Warteschlangen werden durch Nummernvergabe organisiert
- Für wartende Kunden stehen grundsätzlich frischer Kaffee und Kaltgetränke bereit
- Alle Kunden werden grundsätzlich begrüßt und willkommen geheißen
- Es stehen grundsätzlich ausreichende Parkmöglichkeiten für die Kunden zur Verfügung
- Servicemitarbeiter werden durch eine einheitliche Kleidung und ein Namensschild von den Kunden leicht erkannt

- Nach Auftragseingang wird innerhalb von zwei Tagen ein Dankesbrief mit Serviceinformationen vom Sachbearbeiter an den Kunden versandt
- Auf jedem Hotelzimmer steht zur Begrüßung der Gäste grundsätzlich frisches Obst und eine Flasche Wasser

Wenn den Mitarbeitern bewusst ist, wie wichtig die Einhaltung dieser Erfolgsfaktoren für das Image in Bezug auf die Zuverlässigkeit ist, werden sie diese Arbeiten als ernstzunehmende und zu erbringende Leistung annehmen und sehr darauf achten, dass beispielsweise der Kaffee für die Kunden stets frisch ist und immer ausreichend Kaltgetränke vorhanden sind. Ob jedoch der Kunde diese Serviceleistungen für sich als selbstverständlich empfindet oder ob er eher positiv überrascht ist, liegt allein in seiner Entscheidung.

> Die Bewertung der Servicequalität geht ausschließlich vom Empfänger der Dienstleistung aus.

Jedoch gibt es immer noch die Möglichkeit, diese Serviceleistungen mit einem freundlichen Wort zu begleiten, um sie damit dem Kunden überhaupt bewusst zu machen. Mit den Worten »Sie sind ja jetzt schon zum zweiten Mal in unserem Hotel. Auch bei diesem Besuch finden Sie auf Ihrem Zimmer frisches Obst und eine Flasche Wasser, die auf Kosten des Hauses geht. Uns ist sehr daran gelegen, dass Sie sich bei uns wohl fühlen – und das ist unser Beitrag, Sie ein wenig zu verwöhnen.« Mit diesen oder anderen Worten wird eine besondere Leistung nicht so schnell als völlig normal und selbstverständlich vom Kunden angesehen und bewertet. Diese Art der Ansprache erklärt dem Gast, aus welcher Motivation und welchem Anspruch heraus diese Leistung für ihn erbracht wird. Wieder einmal eine Gelegenheit, dem Kunden die vorhandene Servicephilosophie spüren zu lassen.

Serviceorientiertes Verhalten trainieren

Wie schon erwähnt, sind die Mitarbeiter das Herzstück für das Erleben von Service. Daher sollten sie auch entsprechend qualifiziert sein und eine Kompetenz ausstrahlen, die sich sowohl auf das fachliche Wissen als auch auf den persönlichen Umgang mit den Kunden, Patienten oder Gästen bezieht. Ein Teil dieser Qualifikation ist durch vorbildhafte Mitarbeiterführung oder entsprechende Maßnahmen wie Schulungen, Training und Coaching erlernbar und kann schrittweise ausgebaut, unterstützt und kontinuierlich gefördert werden.

Jedoch sind nicht alle Verhaltensaspekte grundsätzlich zu erlernen. Sowohl Grundwerte als auch Charaktereigenschaften beeinflussen das menschliche Verhalten maßgeblich. Beispielsweise prägt eine grundsätzlich pessimistische Haltung das Verhalten. So könnte es ein Mitarbeiter mit einer pessimistischen und eher negativen Einstellung in einer Beschwerdesituation besonders schwer haben. Er wird sicher kein Licht am Horizont erkennen und entsprechende Ideen für Lösungen entwickeln können. Aller Voraussicht nach wird er dem Kunden keine Hoffnungen machen können. Er wird an einer möglichen Lösung zweifeln und gemeinsam mit dem Kunden diese missliche Situation beklagen. Die Konsequenzen für dieses Verhalten sind sowohl für den Mitarbeiter als auch für den Kunden frustrierend und letztlich auch geschäftsschädigend.

Es ist wichtig, dass die Mitarbeiter eine grundsätzlich positive innere Haltung und Einstellung zur Dienstleistung mitbringen, denn darauf kann aufgebaut werden. Sowohl die kundenorientierte Gesprächsführung als auch die Effektivität in der Arbeitsorganisation lassen sich trainieren. Ist jedoch weder eine Bereitschaft für den freundlichen Umgang mit Anderen noch eine grundsätzliche Flexibilität vorhanden, kann eine Anordnung für den kundenorientierten Umgang kaum zum Ziel führen. Diesem Mitarbeiter kann die nötige Freude und der Spaß an der Dienstleistung nicht einfach verabreicht werden.

Nicht alle Verhaltensaspekte für die erfolgreiche Umsetzung der Service-Momente sind zu erlernen oder trainierbar.

In der folgenden Abbildung werden beispielhaft sowohl trainierbare als auch nicht unbedingt erlernbare Verhaltensaspekte aufgeführt. Die Aspekte der inneren Einstellung und Haltung stellen eine besondere Herausforderung an Mitarbeiter und Unternehmen dar, denn diese sind im Rahmen der üblichen Personalentwicklung eher schwer veränderbar, da sie ein Teil der Persönlichkeit sind.

Verhaltensaspekte, die gut trainierbar sind	Aspekte der inneren Haltung, die schwieriger veränderbar sind
Die Freundlichkeit	Eine pessimistische Grundhaltung
Die Einhaltung von Abläufen und Arbeitsschritten	Die Bereitschaft, eine Dienstleistung gerne zu erbringen
Das fachliche Können	Die Gabe, eine positive Atmosphäre zu schaffen
Die fachliche Methodik	Die Empathie und das Situationsgefühl
Eine effektive Arbeits-organisation	Die Belastbarkeit und die psychische Stabilität
Eine kundenorientierte Gesprächsführung	Das Improvisationstalent
Das eigenverantwortliche Handeln	Die Flexibilität
Die Motivation und Leistungs-bereitschaft	Die Freude am Umgang mit Kunden, Gästen und Patienten.
Die Lösungsorientiertheit	
Der Umgang mit Stress	

Abb. 43: Trainierbare und schwer veränderbare Aspekte

Ein wesentlicher Punkt, um sowohl die Servicequalität zu optimieren als auch eine Servicephilosophie zu entwickeln, ist der Umgang mit den vorhandenen Defiziten. Ein Teil der Defizite können die eingehenden Beschwerden sein. Diese Defizite als Hinweise und eine Quelle zur Verbesserung der angebotenen Leistungen zu betrachten, ist der erste Schritt, einen Aspekt der Servicephilosophie entstehen zu lassen. Wenn dieses Verständnis vorhanden ist, akzeptiert jeder Mitarbeiter, dass durch den Ausdruck einer Beschwerde oder Reklamation dem Kunden die Rolle eines partnerschaftlichen Beraters zukommt.

Bearbeitungsstandards für Beschwerden unterstützn den Mitarbeiter darin, das Anliegen des Kunden auf eine individuelle und persönliche Art und Weise klären zu können. Er kann sich innerhalb eines definierten Rahmens eigenverantwortlich bewegen und sich auf die Beziehung zum Kunden konzentrieren. So wird der professionelle Arbeitsablauf auf einem hohen Serviceniveau stattfinden. Auf diese Weise kann die Bearbeitung der Beschwerde selbst zu einem Erfolgsfaktor werden.

Für die professionelle Bearbeitung von Beschwerden können folgende Erfolgsfaktoren eingesetzt werden:

Der Mitarbeiter	zeigt grundsätzlich Verständnis für die Verärgerung des Kunden
	hält gegebene Rückrufversprechen unbedingt ein
	benachrichtigt den Kunden unverzüglich, wenn eine Lösung gefunden wurde
	gibt dem Kunden Auskunft über die Dauer zur Problemlösung
	entwickelt für den Kunden und das Unternehmen sinnvolle Alternativen, wenn das Problem nicht gelöst werden kann
	kann dem Kunden das Angebot verständlich erläutern, um Probleme zukünftig zu vermeiden
	gibt dem Kunden Mitteilungen über Zwischenstände bei den Lösungsfortschritten

Abb. 44: Erfolgsfaktoren für die professionelle Bearbeitung von Beschwerden

Service für die Loyalität der Kunden einsetzen

Im vorhergehenden Kapitel haben wir verdeutlicht, wie wertvoll es sein kann, einen zufriedenen Kunden in einen loyalen Kunden zu wandeln. Dieses Prinzip wird gegenwärtig als ein eigenständiges Instrument angesehen und nennt sich das Loyalitätsmarketing. Es stellt eine unterstützende Methode zur Umsetzung der Servicequalität dar. Unter dem Begriff Loyalitätsmarketing wird in erster Linie das strategische Ziel eines Unternehmens bezeichnet, den Kundenstamm auszuweiten. Treue und loyale Kunden empfehlen über positive Mund-zu-Mund-Propaganda das Unternehmen weiter und tragen dadurch maßgeblich zur Neukundengewinnung bei.

> Loyalitätsmarketing beschreibt eine Unternehmensstrategie, bei der alle unternehmerischen Prozesse auf die zentrale Kundensicht ausgerichtet sind.

Das heißt, die Wünsche und Bedürfnisse des Kunden bilden den Kern aller Handlungen. Botschafter dieser Philosophie sind immer die eigenen Mitarbeiter und das Management.

Die Prozesse zum Loyalitätsmarketing sind zunächst von den Führungskräften vorzuleben. Das setzt ein umfassend kundenorientiertes Management voraus, das die Mitarbeiter auf ihrem Weg zu loyalen Kundenbeziehungen anleitet. Mitarbeiter werden dann ihre Kunden genauso behandeln, wie sie selbst von ihren Chefs behandelt werden. Kunden- und Mitarbeiterloyalität stehen also immer in einer sehr engen Beziehung zueinander und verstärken sich gegenseitig. Begeisterte, engagierte und loyale Mitarbeiter werden im Ergebnis auch entsprechende Kundenbeziehungen hervorrufen. Auf der Basis einer loyalitätsorientierten Unternehmenskultur ist das Miteinander im Sinne einer gemeinsamen Zielsetzung stimmig und fließend.

Der Erfolg einer Unternehmensstrategie ist immer nur so gut wie die Qualität der Ausführungen der handelnden Personen und Beteiligten. Mitarbeiter, die nicht nur zufrieden, sondern auch begeistert sind und sehr gerne für ihr Unternehmen arbeiten, können als loyale Mitarbeiter bezeichnet werden. Diese Loyalität dem Unternehmen gegenüber ist sehr wertvoll, um auch die zufriedenen in loyale Kunden zu verwandeln. Die Gewinnung loyaler Kunden, die dem Unternehmen aus Begeisterung neue Kunden zuführen, bildet wie im vorherigen Kapitel erörtert, einen entscheidenden Wettbewerbsvorteil.

Loyalitätsorientierte Unternehmensstrukturen lassen Kundenwünsche nicht mehr an Abteilungsgrenzen und internen Zuständigkeiten scheitern. Viele Kunden erwarten heute von jedem Mitarbeiter als Vertreter des Unternehmens eine exzellente Leistung. Die Pflege der Kundenbeziehungen ist daher keine alleinige Aufgabe der Verkaufsmitarbeiter, sondern setzt sich auch in der Buchhaltung fort. Um einen spürbar funktionierenden und kundenorientierten Prozess abzubilden, wird von jedem Mitarbeiter eine gute Leistung erwartet. Das Prinzip gilt vom Chef bis zum Auszubildenden und vom Verkäufer bis zum Auslieferungsfahrer. Gibt es an irgendeinem Glied in dieser Kette ein Grund zur Beanstandung, fällt dies letztlich auf die gesamte Unternehmensleitung zurück.

Folgende Managementprozesse finden sich im Loyalitätsmarketing wieder:

Die loyalitätsfocussierte Analyse: In dieser Phase werden die aktuellen Märkte, die Mitarbeiter, Lieferanten, Kunden sowie das ganze Unternehmen auf Loyalitätspotenziale hin untersucht. Ziel ist es, vorhandene Potenziale aufzudecken, zu verstärken und zu nutzen.

Die Entwicklung einer Marketingstrategie: Hier werden loyalitätsorientierte Ziele formuliert, gewinnbringende Zielgruppen bestimmt, der Nutzen für Kunden und Mitarbeiter transportiert.

Der *konsequente Unternehmensumbau*: Die tragenden Säulen des Loyalitätsmarketings bilden die Kunden, das Management und die Mitarbeiter. An der Spitze dieser Unternehmensphilosophie stehen die Kunden. Alle Aktivitäten des Managements und der Mitarbeiter sind systematisch auf die Begeisterung und die zunehmende Loyalisierung der Kunden ausgerichtet.

Im Gegensatz dazu verfolgt der klassische Marketingansatz die systematischen Wege eines Unternehmens zur generellen Marktbearbeitung anhand der beispielhaften Kriterien von Produktentwicklung, Preispolitik, Marktsegmentierung, der klassischen Werbung und dem Direktmarketing. Das bedeutet somit, dass die klassischen Marketingansätze in erster Linie produkt- und marktorientiert ausgerichtet sind. Das Loyalitätsmarketing setzt dagegen eine absolute Kundenorientierung aller Bereiche voraus. Beim »Total Loyality Marketing« findet sich laut einem Artikel in der BUSINESS-WISSEN 2004 von ANNE M. SCHÜLLER eine kundenfocussierte Vorgehensweise durch die fünf »K« wieder:

- der **K**äufernutzen
- die **K**osten des Kaufs
- die **K**aufprozesse
- die **K**ommunikation als kontinuierlicher, lebendiger Dialog
- die **K**ultur des Unternehmens, so wie der Mitarbeiter sie lebt und der Kunde sie erlebt

Ziel dieser Form der Unternehmenskultur ist das »lachende Unternehmen«, denn diese Unternehmen verfolgen Gewinnerstrategien, in denen die Mitarbeiter Freude an der Arbeit, Wertschätzung und Anerkennung, Selbstbestimmung und Vertrauen erleben. Auf diesem Nährboden für Spitzenleistung arbeiten engagierte, unternehmerisch mitdenkende, couragierte, begeisterte, kompetente und loyale Mitarbeiter. Und das kann einer der Gründe sein, warum die Kunden immer gerne wieder kommen.

> Ziel des Loyalitätsmarketings ist es demnach, aus dem Kunden einen engagierten und positiven Empfehler der angebotenen Produkte und Leistungen zu machen. Es geht um die Loyalität derjenigen Kunden, die gut zum Unternehmen passen, die zielgruppengerecht und dabei gewinnbringend sind und über ein entsprechendes Loyalitätspotenzial verfügen.

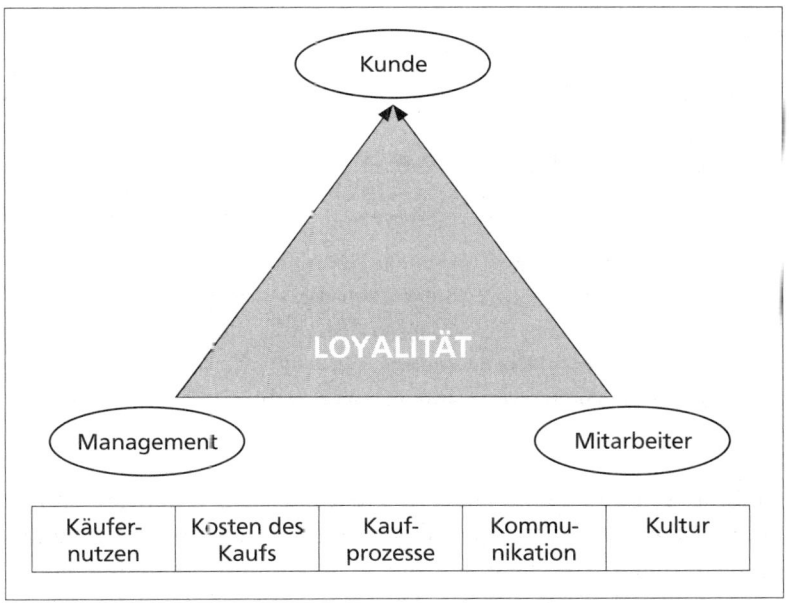

Abb. 45: Modell Loyalitätsmarketing nach ANNE M. SCHÜLER

Auf dem Weg zum loyalen und begeisterten Kunden – ein Kunde, der das Unternehmen und die Produkte auch weiter empfiehlt und dadurch neue Kunden zuführt – durchläuft er verschiedene Stadien innerhalb der Beziehung. Zunächst ist er noch kein Kunde, sondern ein Interessent, der auf ein Produkt oder eine Dienstleistung neugierig ist. Der Interessent benötigt in der Regel besonders vertrauensvolle Beratung und die volle Aufmerksamkeit und Anerkennung. Vom Interessenten wird er dann zum Neukunden. Dieser braucht wieder die volle Aufmerksamkeit in der Nachbetreuungsphase, um danach zum Wiederkäufer zu werden. Bleiben seine Erfahrungen weiterhin sehr positiv und werden seine Erwartungen wiederholt umfassend erfüllt, wird er zum Stammkäufer und schließlich zum loyalen Geschäftspartner, der positive Empfehlungen ausspricht.

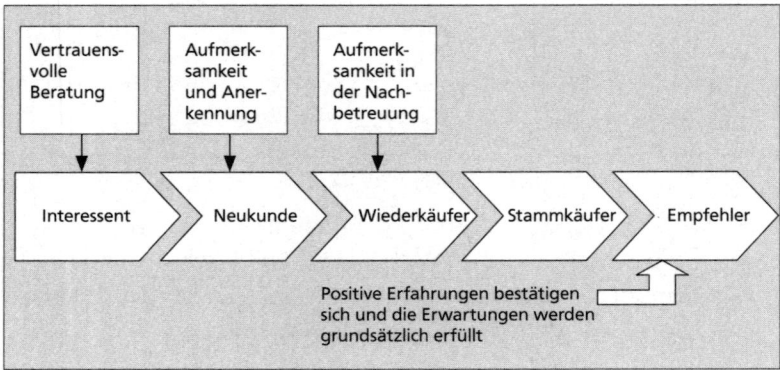

Abb. 46: Der Weg vom Interessenten zum Empfehler

In diesem Prozess geht es darum, die Kundenbeziehung laufend zu beobachten und auf den jeweiligen Status Quo der Beziehung hin zu analysieren. Die Analyse umfasst sowohl das derzeitige Stadium der Beziehung sowie die Ausübung derjenigen Maßnahmen, die den Kunden in die nächste Entwicklungsstufe in der Zusammenarbeit bringen.

Die Vorteile dieser Strategie liegen in der angestrebten, hohen Qualität der Kundenbindung und der nutzenbringenden Kundennähe innerhalb aller Strukturen. Die Umstellung vom klassischen Unternehmensmarketing auf ein loyalitäts-focussiertes Marketing ist allerdings auch mit einem gewissen Aufwand verbunden. Gerade bei mittleren und größeren Unternehmen bedeutet dies auch die Auslösung von langwierigeren Entwicklungsprozessen, bei denen die erwünschten Resultate sich erst langsamer einstellen als möglicherweise zuvor geplant wurde und auch gewünscht war.

Die Methode des Loyalitätsmarketings kann als eine mögliche Servicestrategie gelten, bei der die Servicequalität stets strategisch im Vordergrund steht und laufend optimiert wird.

Die Servicephilosophie

Inwieweit eine Servicephilosophie aus der Kultur und der Struktur eines Unternehmens entsteht und sich entwickeln kann, haben wir bereits beschrieben. Ein weiterer Schritt zur angestrebten Servicephilosophie stellt die Entwicklung einer Vision für das Unternehmen dar. Eine Vision ist immer ein Bild oder ein Ziel, das alle Mitarbeiter vor Augen haben und verfolgen. Für alle Beteiligten ist es daher besonders wichtig, dass sie dieses Ziel akzeptieren und sich mit diesem Bild auch identifizieren können.

Die Vision nimmt Einfluss auf den Erfolg

Die Vision nimmt genauso Einfluss auf die Servicephilosophie wie die Struktur und die Kultur. So ist nachvollziehbar, dass bei einer vorhandenen Struktur und einer gewachsenen Kultur, das Ziel oder die Vision an die Gegebenheiten anzupassen sind, um sie auch in der Zukunft erreichen zu können. Ist die Vision zu weit entfernt von dem, was zu erreichen möglich ist, könnten sich Frustration und Resignation bei den Mitarbeitern einstellen und die Leistungen demzufolge auch sinken.

Um eine für den Kunden spürbare Servicequalität und Servicephilosophie zu bieten, geht es also darum, sich sowohl in der Vision als auch in der Kultur und der Struktur an den Kundenwünschen und Erwartungen zu orientieren. Sobald eine Veränderung in einem dieser Eckpunkte erfolgt, werden die beiden anderen Bereiche von diesen Veränderungen betroffen sein. Die folgende Abbildung verdeutlicht noch einmal diesen Zusammenhang.

Um den beschriebenen Zusammenhang zu verdeutlichen, sei dieses Beispiel genannt: Ein Unternehmen ist daran interessiert, sich zu verbessern. Es wurde seitens der Unternehmensleitung entschieden, mit den anfallenden Beschwerden besser umzugehen. Entsprechende Erfolgsfaktoren wie beispielsweise die Bearbeitung und Auswertung eines Beschwerdeerfassungsbogens werden eingesetzt. Dieses Instrument soll von den entsprechenden Service-Momenten

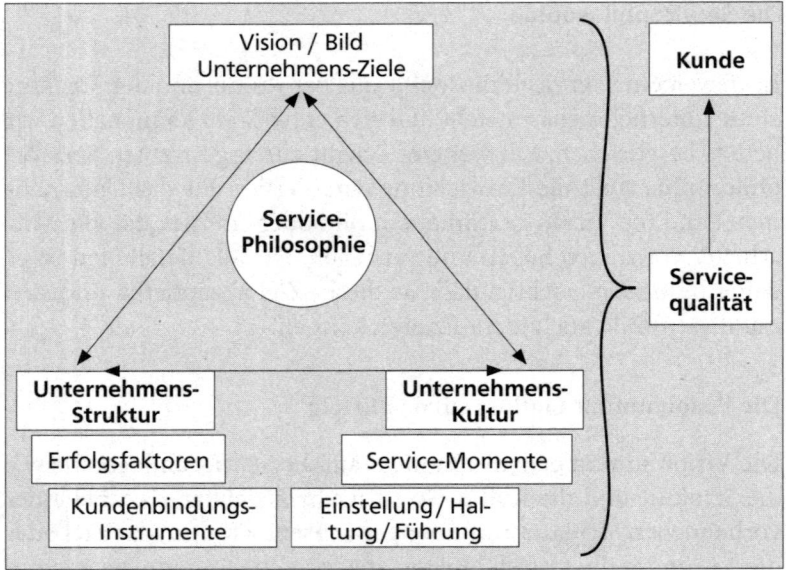

Abb. 47: Die Servicephilosophie beeinflusst die Servicequalität

begleitet werden. Hier sind die Mitarbeiter gefragt, die einzig in der Lage sind, auch Service-Momente dem Kunden zu vermitteln. Dies ist jedoch nur unter der Voraussetzung möglich, wenn eine entsprechende interne Service-Kultur vorhanden ist. Das Unternehmen entscheidet, die Mitarbeiter zu überzeugen, indem sie den Sinn und Nutzen des neuen Instrumentes transparent macht und letztlich auch die Mitarbeiter darin unterstützt, den Umgang mit schwierigen Situationen zu trainieren.

Um dieses Beispiel als Bild fortzusetzen: So ist bei dem Einsatz neuer Instrumente darauf zu achten, wie qualifiziert und spielbereit das vorhandene Orchester ist. Alle sollten die gleichen Noten verwenden und das Ziel verfolgen – die Vision haben – dass sie mit diesem, von allen akzeptierten Orchesterstück bei dem Kulturabend in zwei Jahren, die Herzen der Zuhörer gewinnen wollen.

Übersetzt heißt es, dass die Einheitlichkeit des Serviceverständnisses bei allen Beteiligten zu fördern ist und die Vision ein hilfreiches und unterstützendes Bild dafür sein kann.

Tipp:
Entwickeln Sie die Vision Ihres Unternehmens gemeinsam mit Ihrem Führungsteam und den Mitarbeitern, um alle an Bord zu wissen.

Planungsfragen
- Welche Erfolgsfaktoren haben Sie bereits definiert?
- Welche Strukturen sind bereits vorhanden?
- Welche Arbeitsabläufe sollten verbessert werden?
- Woran messen Sie die Zuverlässigkeit Ihrer Serviceleistungen?
- Welche Qualifikationen haben Ihre Mitarbeiter bereits?
- Womit können Sie Ihre Mitarbeiter noch gezielter für die verbesserte Vermittlung von Service-Momenten unterstützen?
- Wie stark prägt die Haltung Ihrer Mitarbeiter die vorhandene Kultur?
- Wie leistungsbereit schätzen Sie Ihre Mitarbeiter ein?
- Gibt es eine Vision für Ihr Unternehmen?
- Welches Bild könnte für die Veränderung der Kultur und Struktur hilfreich sein?

Die Voraussetzungen schaffen

Bei der Entwicklung und Entstehung einer Servicephilosophie und der Verbesserung der Servicequalität gilt es Ziele zu setzen, die sich an den Kunden orientieren und der Wirtschaftlichkeit des Unternehmens zugute kommen:

- Erhöhung der Kundenzufriedenheit
- Erhöhung der Mitarbeiterzufriedenheit
- Erhöhung der Kundenbindung
- Erhöhung der Ergebnistransparenz innerhalb von Arbeitsabläufen
- Entstehung eines Empfehlungsmarketings

Entscheidet sich ein Unternehmen erst einmal dazu, sich selbst im Sinne der Kundenorientierung und Kundenzufriedenheit in Frage zu stellen, um daraufhin die notwendigen Optimierungen intern durchzuführen, löst dies in der Regel eine ganze Reihe von Veränderungen aus. Wir sprechen also bei der Entwicklung und Entstehung einer Servicephilosophie von einem langfristigen Prozess oder einer Strategie, die alle Unternehmensbereiche betreffen wird. Den angestrebten Veränderungen geht meist eine Analyse des Ist-Zustandes voraus. Kunden, Mitarbeiter oder Lieferanten werden dazu befragt, externe Berater für die objektive Sicht häufig mit zu Rate gezogen. Die Ergebnisse und Erkenntnisse werden ausgewertet und kommuniziert. Daraus entstehen häufig neue Handlungsanweisungen für alle Beteiligten. Diese Veränderungen sind nur umsetzbar, wenn für alle Mitarbeiter der Nutzen aus den Veränderungen auch deutlich wird.

Es ist sinnvoll, eine zeitliche Planung zu erstellen und auch möglichst einzuhalten. Häufig zeigt sich erst im Prozess, welche Aspekte zu wenig bedacht oder gar ganz außer Acht gelassen wurden. Empfehlenswert ist es daher, den Zeitplan entsprechend so aufzubauen, dass Unvorhergesehenes auch Platz findet und nicht nur aus Mangel an Zeit keine Beachtung findet.

> In der Planung der Veränderungen sollte Unvorhergesehenes akzeptiert und mit einbezogen werden.

Sind im Personalstamm beispielsweise langjährige Mitarbeiter, die unter den alten Voraussetzungen zwar eine gute Arbeit geleistet haben, die aber jetzt im Rahmen einer neu entstehenden Servicephilosophie ihr Verhalten dem Kunden gegenüber umstellen müssen, sollte mit Ängsten und Widerständen innerhalb der Belegschaft gerechnet werden. Diesen Ängsten und Widerständen gilt es angemessen zu begegnen.

Eine neue Servicephilosophie mit all ihren zu erwartenden Veränderungen in der Vision, Kultur und Struktur verlangt von den Mitarbeitern einen anderen und erhöhten Einsatz für den Kunden und dadurch mehr Engagement, Flexibilität und Leistungsbereitschaft ab. Der Nutzen im Sinne der Kundenzufriedenheit, der Kundenbindung und der eigenen Motivation sollte daher sehr klar kommuniziert werden. Und trotzdem kann es sein, dass manche Mitarbeiter nicht spontan und gleichermaßen begeistert diese Veränderung mittragen oder sogar mitgestalten wollen oder können. Die Vermittlung der Zielsetzung und die Perspektive, in einem erfolgreichen Unternehmen mitzuarbeiten, könnten den einen oder anderen dieser Mitarbeiter jedoch dazu bewegen, diese Schritte mit zu gehen.

Die gründliche Vor- und Nachbereitung der einzelnen Schritte ist für den Erfolg bei der Entwicklung einer gemeinsamen Servicephilosophie sehr wichtig. Die Transparenz in der Vorgehensweise ist unbedingt zu gewährleisten, ebenso wie die rechtzeitige Beteiligung aller Mitarbeiter, denn erst die Einbindung aller Beteiligten in die Entwicklungsprozesse garantiert die Identifikation der Mitarbeiter mit den Veränderungen und setzt deren Ressourcen frei. Deshalb ist es sehr hilfreich und förderlich, vor größeren Einschnitten oder gar Umstrukturierungen, die der neuen Zielsetzung dienen, dafür zu sorgen, dass von allen Beteiligten die anstehenden Maßnahmen klar nachvollzogen werden können.

Planungsfragen

- Welche Veränderungen werden im Sinne der Kundenzufriedenheit notwendig?
- Wer wird möglicherweise von diesen Veränderungen betroffen sein?
- Welche Interessen vertreten die von der Veränderung betroffenen Mitarbeiter?
- Welche Vorteile hat der jetzige Zustand?
- Wie können diese Vorteile bei der Umsetzung der Veränderung erhalten bleiben?
- Welche Nachteile hat der jetzige Zustand?
- Wo liegt der Nutzen der Veränderung für das Unternehmen und für die beteiligten Mitarbeiter?

Werden diese Einflussfaktoren nicht genügend beachtet, kann der Prozess der Veränderung zäh werden und ins Wanken geraten. Eine Vielzahl an Konflikten verhindert das Wachstum und bremst den Optimierungsprozess. Hinzu kommt, dass in manchen Unternehmen Interessenskonflikte zwischen Unternehmensbereichen bestehen, da die Zielsetzungen oftmals konkurrieren. Eine Einkaufsabteilung wird beispielsweise an den Deckungsbeiträgen im Ergebnis gemessen und eine Verkaufsabteilung am realisierten Umsatz.

Konflikte zu Beschaffungs- und Absatzmaßnahmen sind häufig vorprogrammiert. Gibt es Interessenkonflikte bereits in der Zielsetzung, wird es auch zu Themen wie der zu optimierenden Servicequalität unterschiedliche Sichtweisen und Ansätze geben. Werden diese Interessenkonflikte nicht aufgedeckt und geklärt, wird der Gesamtprozess und damit auch der Erfolg darunter leiden. Bei festgefahrenen Standpunkten empfiehlt sich beispielsweise auch die Durchführung einer Moderation mit dem Ziel, die Unvereinbarkeit der Standpunkte aufzulösen und wieder eine gemeinsame und verbindliche Ausgangsbasis zu schaffen.

Eine Servicephilosophie kann also nur unter bestimmten Voraussetzungen erfolgreich entwickelt werden. Diese Voraussetzungen sind so zu gestalten, dass ein fruchtbarer Boden entsteht, in dem der Samen der Servicequalität gesät werden kann und sich in dem Zusammenspiel von Kultur, Struktur und dem festen Glauben an das Ziel wiederspiegelt.

Zusammengefasst lassen sich diese Voraussetzungen aus unserer Sicht wie folgt darstellen:

Voraussetzungen für die Entwicklung einer Servicephilosophie
Die Bereitschaft aller Beteiligten ist vorhanden, den Dienstleistungsprozess und den Kundennutzen in den Vordergrund zu stellen
Die Bereitschaft aller Beteiligten ist vorhanden, mögliche Defizite in der Servicekultur aufzudecken und konstruktiv im Sinne des Kunden zu verändern
Interne Konflikte sind soweit gelöst, dass die gegenseitigen Standpunkte klar und vereinbar sind
Allen Beteiligten ist die Prozesshaftigkeit der neuen Entwicklung klar
Alle Beteiligten verstehen sich als Förderer dieses Prozesses
Die Vision und die Zielsetzungen sind allen Beteiligten klar und werden akzeptiert
Alle Beteiligten kennen die zeitlichen Abläufe und Prozesse, die zur Zielerreichung notwenig sind

Abb. 48: Voraussetzungen schaffen für die Entwicklung einer Servicephilosophie

Schritt für Schritt vorgehen

Im Folgenden beschreiben wir nochmals die einzelnen Schritte zur Entwicklung einer Servicephilosophie im Überblick. Neben der Zustandsermittlung, der Ist-Analyse zum Auftakt, ergeben sich aus den Ergebnissen erfahrungsgemäß viele neue Ideen zur Optimierung der Serviceleistungen. Ideenlieferant können die Kunden, die Mitarbeiter, aber auch externe Lieferanten oder externe Berater sein. Die Ideen werden gewichtet, auf Realisierbarkeit geprüft und der einzuschätzende Aufwand und Nutzen sind gegeneinander abzuwägen. Hieraus entsteht dann der Maßnahmenplan mit dem Ziel, die Ideen umzusetzen. Die Ergebnisse werden Schritt für Schritt betrachtet und regelmäßig bewertet.

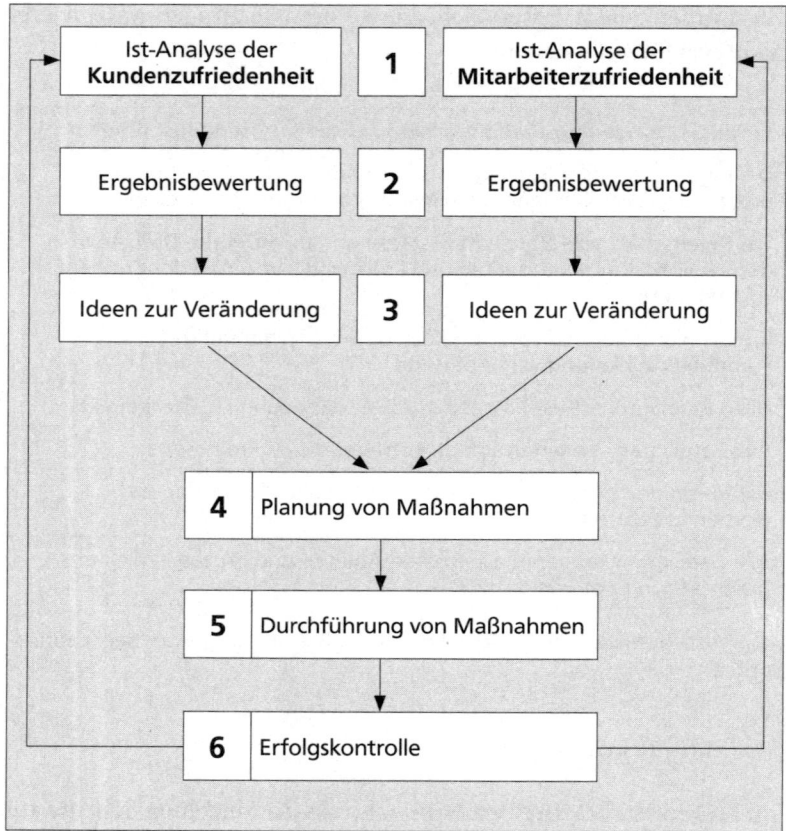

Abb. 49: 6 Schritte zur Entwicklung einer Servicephilosophie

Die Entwicklung eines verbesserten Services und damit der bewusste und systematische Einsatz von Servicequalität ist ausschließlich
als Prozess umzusetzen. Er sollte niemals aufhören, denn früher
oder später werden sich auch wieder die Marktbedingungen, die
Kundenerwartungen oder der Grad der Zufriedenheit der eigenen
Mitarbeiter verändern. Neue Einflussfaktoren erfordern immer
wieder neue Ideen.

Sich heute und in Zukunft der Herausforderung zu stellen – die Existenz des Unternehmens erfolgreich zu sichern, indem die Kunden stets zufrieden und begeistert von dem Angebot und der Serviceleistung sind – erfordern eine Vision, Planung, Struktur, Energie, Investitionen und vor allem auch die entsprechende Geduld. Die Servicequalität mit Bewusstsein und System zu entwickeln und eine Servicephilosophie in einem Unternehmen, Geschäft, Praxis oder Pflegeeinrichtung zum Leben zu erwecken ist ein Weg, um konkurrenzfähig und erfolgreich zu sein und zu bleiben. Sie werden in diesem Prozess nie müde werden, immer wieder mit guten Serviceideen aufzuwarten. Sie werden Ihre Kunden immer wieder positiv überraschen und sie darüber erfolgreich an sich binden.

> Die Arbeit an einem umfassenden und spannenden Thema wie der systematischen Entwicklung einer Servicequalität, ist aus unserer Sicht ein permanenter Auftrag an das gesamte Unternehmen und an jeden Beteiligten selbst.

GLOSSAR

Eine Übersicht der verwendeten Begriffe, die das Thema Service berühren:

Im Folgenden finden Sie eine Aufstellung der Begriffe, die wir im Zusammenhang mit dem Thema »Servicequalität« für die Ausarbeitung unserer Inhalte genutzt haben. Diese Liste beinhaltet eine Darstellung, wie wir diese Begriffe für unsere Ideen verstehen, definieren und in diesem Buch verwendet haben. Im Sinne der Vollständigkeit und der Abgrenzung einzelner Begrifflichkeiten erschien es uns sinnvoll, diese Aufstellung vorzunehmen. Hinzugefügt haben wir diejenigen Begriffe, die häufig im Zusammenhang mit dem Thema Service in der Praxis genannt werden – auch wenn sie nicht explizit in diesem Buch von uns eingesetzt wurden.

Kundenservice: Der Begriff *Kundenservice* umfasst alle Leistungen des Anbietenden, die im Zusammenhang mit einem Produkt oder einer Dienstleitung erbracht werden. Die Leistungen richten sich explizit an potenzielle, bestehende und externe Kunden. (siehe auch *Service*)

Service: Der Begriff *Service* wird im Brockhaus Wörterbuch (2001 LANGENSCHEIDT KG, MÜNCHEN, UND BIBLIOGRAPHISCHES INSTITUT & F. A. BROCKHAUS AG, MANNHEIM) als »der Kundendienst« bezeichnet. Für uns stellt Service den unspezifischen Überbegriff aller Leistungen dar, die im Zusammenhang mit einem Produkt oder einer Dienstleitung erbracht werden. Diese Leistungen wenden sich vom Anbietenden an alle potenziellen, bestehenden, internen und externen Kunden.

Service-Moment: Als *Service-Moment* bezeichnen wir eine erlebte Dienstleistung, in der das Verhalten und die innere Haltung des Mitarbeiters vom Kunden positiv wahrgenommen wird.

Erfolgsfaktor: Ein *Erfolgsfaktor* ist eine planbare Größe, die einen definierten Standard und eine verlässliche Qualität zum Ausdruck bringt.

Servicequalität: Als *Servicequalität* bezeichnen wir das Zusammenspiel von Service-Momenten und geplanten Erfolgsfaktoren.

Serviceevaluierung: Mit einer *Serviceevaluierung* ist eine Erhebung gemeint, die den Qualitätsstandard im Kundenservice als Ist-Zustand misst und wiedergibt. Die Evaluierung dient dazu, mögliche Optimierungsansätze aufzuzeigen.

Servicekultur: Der Begriff *Servicekultur* steht bei uns für die Umsetzung spezifischer Zielsetzungen im Kundenservice. Durch die Servicekultur wird zum Ausdruck gebracht, wie sehr das Unternehmen seine Servicephilosophie praktisch lebt und ausstrahlt. (siehe auch *Servicephilosophie*)

Servicemanagement: Unter dem Begriff *Servicemanagement* verstehen wir die verantwortlichen sowie leitenden Funktionen und Personen, die im direkten Zusammenhang mit dem Kundenservice stehen.

Servicementalität: Der Begriff *Servicementaltität* steht bei uns für die ganz persönlichen Eigenschaften und Voraussetzungen, die Mitarbeiter im Service zeigen und benötigen.

Servicemitarbeiter: Mit dem Begriff *Servicemitarbeiter* bezeichnen wir alle diejenigen Mitarbeiter, die eine spezifische Leistung im Zusammenhang mit einem Produkt oder einer Dienstleistung für Kunden erbringen.

Servicephilosophie: Als *Servicephilosophie* bezeichnen wir die Unternehmensgrundsätze, die für die Leistungserbringung im Umgang mit Kunden gelten und von allen Mitarbeitern gelebt werden.

Die Servicephilosophie kann im Unternehmensleitbild verankert sein. Sie kann sich auch ausschließlich auf die Unternehmensbereiche beschränken, die im direkten Kundenkontakt stehen.

Serviceprofil: Als *Serviceprofil* bezeichnet man die Darstellung von markanten Punkten, die den Service eines Unternehmens kennzeichnen.

Servicequalifikation: Der Begriff *Servicequalifikation* umfasst sowohl die fachlichen als auch die persönlichen Voraussetzungen und Eigenschaften, die ein Mitarbeiter für den positiven Umgang mit Kunden benötigt.

Servicestrategie: Als *Servicestrategie* bezeichnen wir den genauen Plan oder die genaue Vorgehensweise, um ein bestimmtes Ziel im Service zu erreichen.

Servicezuverlässigkeit: Der Begriff *Servicezuverlässigkeit* beschreibt für uns einen Zustand, bei dem alle Prozesse und Leistungen im Service gemäß den Kundenerwartungen ablaufen und funktionieren.

LITERATURVERZEICHNIS

Argyle, Michael, 2005: Körpersprache und Kommunikation, Junfermann.

Borg, Ingwer, 2003: Führungsinstrument Mitarbeiterbefragung, Hogrefe.

Borg, Ingwer, 2003: Mitarbeiterbefragung kompakt, Hogrefe.

Bruhn, Manfred, 2002: Integrierte Kundenorientierung, Gabler.

Busch, Burkhard G., 1998: Aktive Kundenbindung, Cornelsen.

Domsch Michel E. / Ladwig, Desiree H., 2000: Handbuch Mitarbeiterbefragung, Springer.

Duhling, Egbert / Bagenkop, Dirk, 2003: Interne Kommunikation, Gabler.

Frenzel, Karolina / Müller, Michael/Sottong, Hermann, 2004: Storytelling.
Das Harun-al-Raschid-Prinzip, Carl Hanser.

Herbst, Dieter, 1999: Interne Kommunikation, Cornelsen.

Homburg, Christian / Stock, Ruth, 2000: Der kundenorientierte Mitarbeiter,
Gabler.

Klein, Stefan, 2003: Die Glücks-Formel, Rowohlt.

Kotter, John P., 1997: Matsushita. Der erfolgreichste Unternehmer des
20. Jahrhunderts, Ueberreuter.

Kuhnert, Birgit / Ramme, Iris, 1998: So managen Sie Ihre Servicequalität.
Messung und Umsetzung für erfolgreiche Dienstleister, Frankfurter
Allgemeine Zeitung.

Rutsatz, Uwe, 2004: Kundenrückgewinnung durch Direktmarketing,
Deutscher Universitätsverlag.

Schick, Siegfried, 2005: Interne Unternehmenskommunikation, Schäffer-
Poeschl.

Schüller, Anne M., 2004: Zukunftstrend Kundenloyalität, Endlich erfolgreich
durch loyale Kunden, Business Village.

Senge, Peter M. / Kleiner, Art / Smith, Bryan / Roberts, Charlotte / Ross,
Richard, 1996: Das Fieldbook zur Fünften Disziplin, Klett-Cotta.

Töpfer, Armin, 2004: Kundenzufriedenheit messen und steigern, Luchterhand.

Töpfer, Armin / Greff, Günter, 1995: Servicequalität am Telefon. Corporate
Identity im Kundendialog, Neuwied, Kriftel, Luchterhand.

Tomczak, Thorsten / Dittrich, Sabine, 1997: Erfolgreich Kunden binden,
Wend.

Watzlawick, Paul / Beavin, Janet H. / Jackson, Don D., 2000: Menschliche
Kommunikation, Huber.

ÜBER DIE AUTORINNEN

Karen Bestmann, Jahrgang 1962, ist seit 2000 Geschäftsführerin der Bestmann + Schmidt GmbH Consulting und Training. Sie ist Wirtschafts-Mediatorin, Coach, Beraterin, Verhaltenstrainerin und Personalentwicklerin. Arbeitsschwerpunkte liegen in den Bereichen Führung, Teamentwicklung, Selbstmarketing, Konfliktmanagement und der Entwicklung von Servicestrategien sowie deren erfolgreiche Umsetzung. Sie bezeichnet sich selbst als Frau der Praxis und ist Dienstleisterin aus Überzeugung.

Babette Leyer, Jahrgang 1964, ist Diplom-Betriebswirtin und arbeitet als Kommunikationstrainerin, Coach und freie Beraterin. In dieser Tätigkeit unterstützt sie seit Jahren große, mittlere und kleine Unternehmen in der Entwicklung ihrer Servicequalität. Zu ihren Arbeitsschwerpunkten zählen die Mitarbeiterqualifizierungen im Verkauf und an allen Nahtstellen zum Kunden, die Entwicklung serviceorientierter Teams sowie die Mitarbeiterauswahl und das Service-Monitoring.